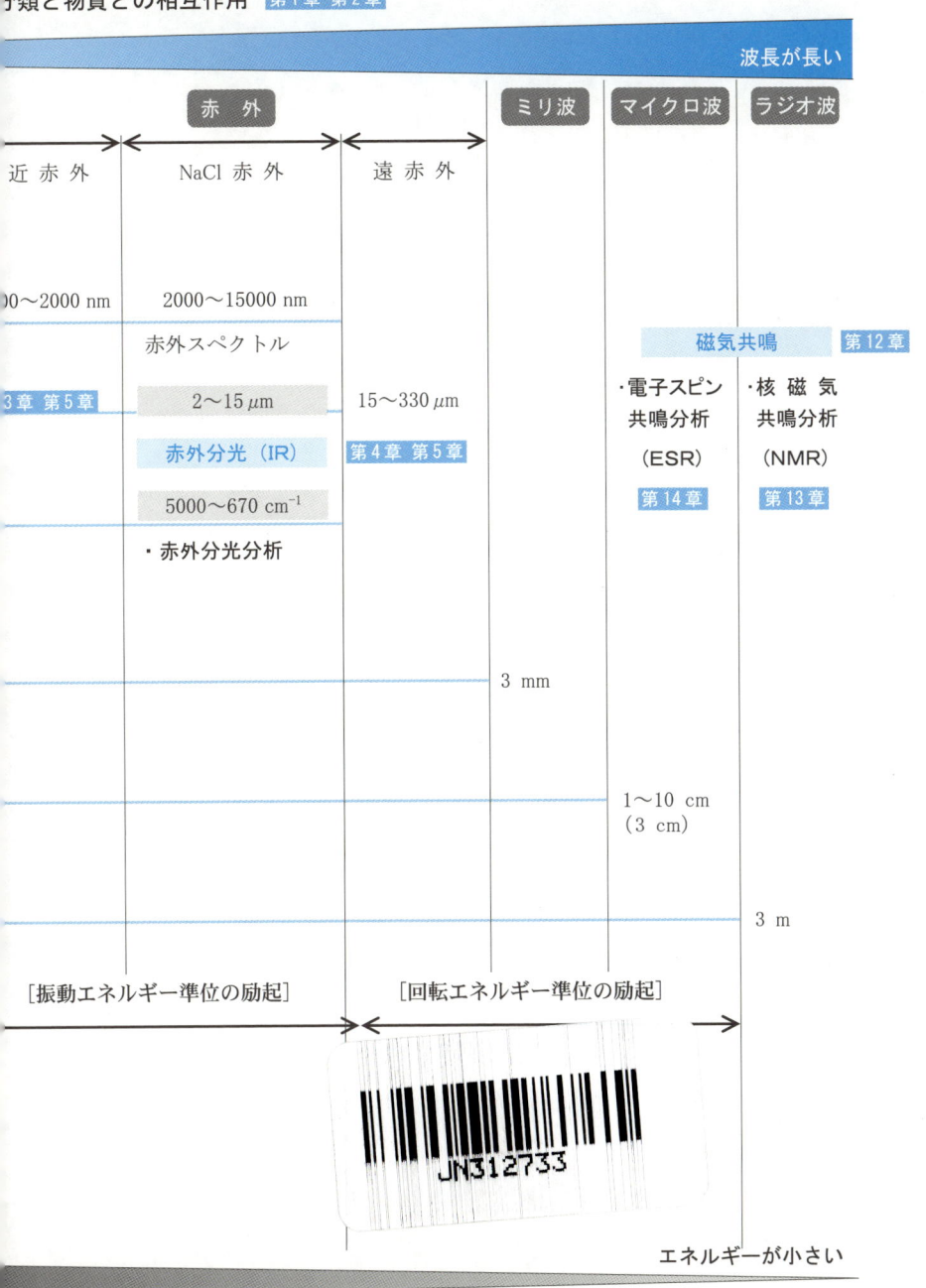

これならわかる
機器分析化学
――電磁波を用いる分光分析

古田 直紀

三共出版

はじめに

 1994年4月に国立環境研究所より中央大学理工学部に奉職して以来，16年間，応用化学科2年生に対して「機器分析化学」の講義を担当してきた．また，2000年4月からは兼任講師として立教大学理学部化学科の3年生に対して「光分析化学」の講義をしてきた．この本は，これらの講義の際に使用してきた講義ノートを基に作成した本で，1〜14章は，それぞれ半期の講義に対応している．

 半期の講義ですべての機器分析化学を扱おうとすると，分析法の名を列挙するだけで終ってしまい，学生にとっては，何をどのように勉強すれば良いのかわからなくなる．そこで，この本では，電磁波を用いる分光分析にしぼり，付表1に示したように，電磁波を波長の長さごとに分類し，それぞれの電磁波ごとに異なった分光分析が存在することを理解させ，この本で扱う分析法の全体像がつかめるようにした．

 分光分析で，最も強調したい点は，「化学物質は固有のエネルギー準位をもっており，そのエネルギー準位の差に相当するエネルギーの電磁波と相互作用する」ということである．そこで，この本全体を通して，エネルギー準位の図をふんだんに示し，いま考えている電磁波がどのようなエネルギー準位間の遷移に相当するかを常に考えられるよう工夫した．

 本書は，『これならわかる分析化学』（2007年，三共出版刊）に続くテキストであり，前書の形式を踏襲している．つまり各章ごとに重要事項を簡潔にまとめ，その重要事項の理解を深めるために演習問題を多く取り入れた．また，本文中の基礎的な単語には英語名も付し，巻末に基礎的な単語の英語名をまとめた．単語を覚える時にはその発音にも気を付け，どこにアクセントがあるかをはっきりと覚えておかないと，いざ使う時に役に立たない．そこで巻末の基礎的な単語名には，発音記号とアクセントの位置を載せておいた．

本書が，学生にとって「機器分析化学」を理解するのに少しでも役立つことを期待している。最後になるが，本書作成にあたって御尽力いただいた三共出版の秀島　功氏に深く感謝します。

2010年9月

古田　直紀

目 次

1. 電磁波と物質との相互作用 ……………………………………… 1
 1-1 電磁波のエネルギー ………………………………………… 2
 1-2 波長で分類した分光分析の種類 …………………………… 2
 1-3 3つのエネルギー準位 ……………………………………… 3
 1-4 3つの遷移 …………………………………………………… 4

2. ランベルト・ベールの法則 ……………………………………… 7
 2-1 ランベルト・ベールの法則 ………………………………… 8
 2-2 地球観測におけるランベルト・ベールの法則の応用 ……… 12

3. 紫外・可視スペクトルと吸光光度法 …………………………… 15
 3-1 紫外・可視スペクトル ……………………………………… 16
  (1) 分子内の電子の分類 16
  (2) 分子内の電子エネルギー準位 16
 3-2 紫外・可視吸収を示す吸収基 ……………………………… 17
  (1) 発色団 17
  (2) 助色団 17
  (3) n-π 共役と π-π 共役 17
 3-3 無機・分析化学での応用 …………………………………… 19
  (1) 滴定の指示薬 19
  (2) 吸光光度法 20

4. 赤外吸収スペクトルとラマン分光分析 … 25

    4-1 赤外吸収とラマン散乱 … 26
    4-2 赤外吸収スペクトル … 27
    4-3 赤外活性とラマン活性 … 30

5. 紫外・可視分光光度計と赤外分光光度計 … 35

    5-1 装置の構成 … 36
    5-2 分光器と回折格子 … 37
        (1) 回折光が強めあう条件   38
        (2) 逆線分散と分解能   38
        (3) 分光器の F 値   39
    5-3 光　源 … 40
    5-4 光学材料（セル，窓材，レンズなど） … 41
    5-5 検　出　器 … 41

6. 蛍光分光分析 … 43

    6-1 装置の構成 … 44
    6-2 試料濃度と蛍光強度との関係 … 45
        (1) 蛍光強度の式   45
        (2) 蛍光分光分析の手順   45
    6-3 散乱，蛍光，それにリン光 … 46
    6-4 蛍光を発する物質 … 47

7. 原子発光分析 … 49

    7-1 3つの分光分析法 … 50
        (1) 吸　光   50

　　　　(2) 蛍　光　　50
　　　　(3) 発　光　　50
　7-2　原子発光分析 ……………………………………………… 50
　　　　(1) 装置の構成　　50

8. マックスウエル-ボルツマン分布則 ……………………… 55

　8-1　原子のエネルギー準位とマックスウエル-ボルツマン分布則　56
　8-2　原子エネルギー準位を表す項 ……………………………… 57
　8-3　原子発光強度 ………………………………………………… 58

9. フレーム原子吸光分析 ………………………………………… 63

　9-1　装置の構成 …………………………………………………… 64
　9-2　フレーム原子吸光分析 ……………………………………… 64
　9-3　光　　源 ……………………………………………………… 65
　9-4　フレーム ……………………………………………………… 65
　9-5　干渉とその対策 ……………………………………………… 65
　　　　(1) 物理干渉　　65
　　　　(2) 化学干渉　　66
　　　　(3) イオン化干渉　　67
　　　　(4) 分光干渉　　67

10. X　線 …………………………………………………………… 69

　10-1　X　　線 ……………………………………………………… 70
　10-2　特性X線と連続X線 ……………………………………… 70
　　　　(1) 特性X線　　71
　　　　(2) 連続X線　　71
　10-3　X線管 ………………………………………………………… 72

10-4　X線検出器 ･･･ 74
　　(1) ガスイオン化検出器　74
　　(2) シンチレーション検出器　74
　　(3) 半導体検出器　74

11. 蛍光X線・X線回折・X線吸収 ･････････････････････････････ 75

11-1　X線分光分析 ･･･ 76
　　(1) 蛍光X線分析　76
　　(2) X線回折分析　76
　　(3) X線吸収分析　76

11-2　蛍光X線分析 ･･･ 76
　　(1) 波長分散型蛍光X線装置　76
　　(2) エネルギー分散型蛍光X線装置　79

11-3　X線回折分析 ･･･ 80
　　(1) 粉末X線回折　80
　　(2) 単結晶構造解析　81

11-4　X線吸収分析 ･･･ 82
　　(1) XANES（ザーネス）　83
　　(2) EXAFS（エグザフス）　83

12. 磁気共鳴分析 ･･･ 85

12-1　磁気共鳴 ･･･ 86
12-2　磁気モーメントとエネルギー準位 ･････････････････････････ 89

13. 核磁気共鳴分析 ･･･ 91

13-1　^{1}H-NMR ･･･ 92
　　(1) 化学シフト　92

　　　　(2) 面積強度　　95
　　　　(3) スピン-スピン相互作用　　96
　　　　(4) 緩和時間　　97
　13-2　^{13}C–NMR ･･･ 100
　　　　(1) 化学シフト　　100
　　　　(2) スピン-スピン相互作用　　102

14. 電子スピン共鳴分析 ････････････････････････････････････ 105

　14-1　g-因子 ･･ 107
　14-2　超微細構造（A 値）･･････････････････････････････････････ 107
　14-3　ESR スペクトルの実例 ･･････････････････････････････････ 108

重要な用語の英名と読み方 ･･ 111
参考図書 ･･ 115
基礎定数表・SI 接頭語・ギリシャ文字 ･･････････････････････････････ 116
索　　引 ･･ 117

 電磁波と物質との相互作用

目標

電磁波を波長ごとに分類し，波長を相互に変換できるようにする。

電磁波を物質に照射した時，どのようなエネルギー準位を励起するかを学ぶ。

1-1　電磁波のエネルギー

電磁波は，波の性質と粒子の性質の両方を持つ。

　　波の性質　　〜〜〜　波長 λ の波

　　粒子の性質　○　　$E = h\nu$ なるエネルギーを持つ光子

$$E = h\nu = h\frac{c}{\lambda}$$

ここで

　　h：プランクの定数　6.626×10^{-34} J・sec

　　　　　　　　　　　　6.626×10^{-27} erg・sec

　　c：光速　3×10^8 m/sec $= 3 \times 10^{10}$ cm/sec

　　λ：波長　m, cm

　　ν：周波数　Hz

物質は固有のエネルギー準位を持つ。

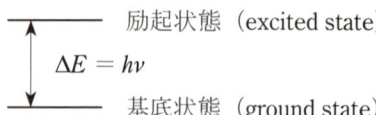

エネルギー準位の差（$\Delta E = h\nu$）に相当する電磁波と相互作用する。

逆に，相互作用する電磁波の波長またはエネルギーにより物質を同定でき，その相互作用の程度より物質を定量することができる。

　　同定：identification　　同定する：identify

　　定量：quantification　　定量する：quantify or determine

x 軸に波長またはエネルギーをとり，y 軸に相互作用の程度をプロットした図をスペクトル（spectrum）と呼ぶ。

スペクトルより物質を同定または定量することが分光分析（spectrometry）である。

1-2　波長で分類した分光分析の種類

付表1に，波長の短い電磁波から波長の長い電磁波にわたり，それぞれの電磁波を用いて行われる分光分析をまとめておいた。

波長の単位としては，短い方から長い順に

オングストローム (Å) $= 10^{-10}$ m

ナノメートル (nm) $= 10^{-9}$ m

マイクロメートル (μm) 10^{-6} m

波数 (cm^{-1}) $= \bar{\nu} = \dfrac{1}{\lambda(\text{cm})}$

ミリメートル (mm) $= 10^{-3}$ m

センチメートル (cm) $= 10^{-2}$ m

メートル (m)

の 10 桁に及ぶ広い波長範囲の電磁波が使われる。

1-3　3つのエネルギー準位

分子は 3 種類のエネルギー準位を持つ。

電子エネルギー準位 (E_0, E_1, ……)
　　(electric energy level)

振動エネルギー準位 (V_0, V_1, V_3……)
　　(vibrational energy level)

回転エネルギー準位 (R_1, R_2, R_3……)
　　(rotational energy level)

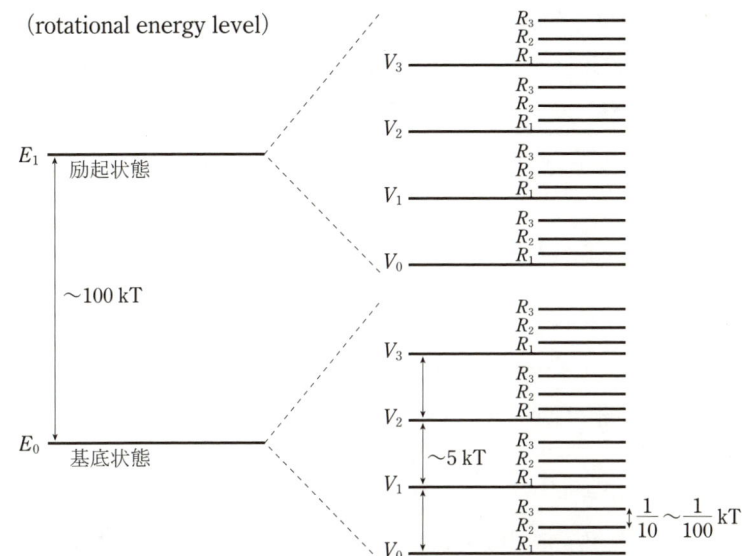

k：ボルツマン定数

1.3805×10^{-23} J/deg

1.3805×10^{-16} erg/deg

1-4　3つの遷移

電子遷移（electric transition）

$\sim 100\, kT$　　15℃で　　$\lambda = 500$ nm

――――　紫外・可視

振動遷移（vibrational transition）

$\sim 5\, kT$　　15℃で　　$\lambda = 10\, \mu$m

――――　近赤外・NaCl赤外

回転遷移（rotational transition）

$\frac{1}{10} \sim \frac{1}{100} kT$　　15℃で　　$\lambda = 500\, \mu$m ~ 5 mm

――――　遠赤外・ミリ波・マイクロ波

設問 1.1　波長 3000 Å をナノメータとマイクロメータで表せ。

解　3000 Å $= 300$ nm $= 0.30\, \mu$m

設問 1.2　波長 4000 Å を振動数（Hz）と波数（cm^{-1}）に変換せよ。

解　4000 Å $= 4000 \times 10^{-8}$ cm

$$\nu = \frac{c}{\lambda} = \frac{3 \times 10^{10}}{4000 \times 10^{-8}} = 7.5 \times 10^{14}\, \text{Hz}$$

$$\bar{\nu} = \frac{1}{\lambda} = \frac{1}{4000 \times 10^{-8}} = 2.5 \times 10^4\, \text{cm}^{-1}$$

設問 1.3　赤外分光分析で良く用いられる波長領域は，2 から 15 μm である。この領域を波数（cm^{-1}）で表せ。

解　2 μm $= 2 \times 10^{-6}$ m $= 2 \times 10^{-4}$ cm

$$\bar{\nu} = \frac{1}{\lambda(\text{cm})} = \frac{1}{2 \times 10^{-4}} = 5000\, \text{cm}^{-1}$$

15 μm $= 15 \times 10^{-6}$ m $= 1.5 \times 10^{-5}$ m $= 1.5 \times 10^{-3}$ cm

$$\bar{\nu} = \frac{1}{1.5 \times 10^{-3}} = 670\,\mathrm{cm}^{-1}$$

設問 1.4 ナトリウムの D 線は電子エネルギー準位 16956.183 cm^{-1} と 16973.379 cm^{-1} の 2 つの励起状態から基底状態へ遷移する時に発っせられる。ナトリウムの D 線の 2 本の発光線の波長を求めよ（8 章の図 8-1 参照）。

解

$$\frac{1}{\lambda(\mathrm{cm})} = 16956.183\,\mathrm{cm}^{-1}$$

$$\lambda = \frac{1}{16956.183} = 5.8975 \times 10^{-5}\,\mathrm{cm}$$

$$= 589.75\,\mathrm{nm}$$

$$\frac{1}{\lambda(\mathrm{cm})} = 16973.379\,\mathrm{cm}^{-1}$$

$$\lambda = \frac{1}{16973.379} = 5.8915 \times 10^{-5}\,\mathrm{cm}$$

$$= 589.15\,\mathrm{nm}$$

注　意：上記で求めた波長は真空中での波長。空気中で測定すると，空気の屈折率 $n = 1.000293$ で割った波長となる。

589.75 nm → 589.58 nm ≒ 589.6 nm

589.15 nm → 588.98 nm ≒ 589.0 nm

設問 1.5 光子 1 モル（光子のアボガドロ数）を 1 アインシュタイン輻射と呼ぶ。3000 Å における 1 アインシュタイン輻射のエネルギーをジュールで計算せよ。

解　3000 Å = 3000×10^{-8} cm

$$\nu = \frac{c}{\lambda} = \frac{3 \times 10^{10}}{3000 \times 10^{-8}} = 1 \times 10^{15}\,\mathrm{Hz}$$

$$E = h\nu = 6.63 \times 10^{-34}\,\mathrm{J \cdot sec} \times 1 \times 10^{15}\,\mathrm{sec}^{-1}$$

$$= 6.63 \times 10^{-19}\,\mathrm{J}/\text{光子}$$

アボガドロ数個の光子のエネルギー

$6.63 \times 10^{-19} \times 6.02 \times 10^{23} = 4.0 \times 10^{5}$ J/アインシュタイン

設問 1.6 電子エネルギー準位間のエネルギーは約 $100\,kT$ である。15℃でこのエネルギーに相当する電磁波の波長を計算せよ。k はボルツマン定数で 1.3805×10^{-16} erg/deg である。

解 $100\,kT = 100 \times 1.38 \times 10^{-16}(273 + 15) = 100 \times 3.97 \times 10^{-14}$
$= 3.97 \times 10^{-12}$ erg

$$100\,kT = h\nu = h\frac{c}{\lambda}$$

$$\lambda = \frac{hc}{100\,kT}$$

$$= \frac{6.626 \times 10^{-27} \times 3 \times 10^{10}}{3.97 \times 10^{-12}}$$

$= 5.01 \times 10^{-5}$ cm $= 5.01 \times 10^{-7}$ m
$= 501 \times 10^{-9}$ m $\fallingdotseq 500$ nm

設問 1.7 振動エネルギー準位間のエネルギーは，約 $5\,kT$ である。15℃でこのエネルギーに相当する電磁波の波長を計算せよ。k はボルツマン定数で 1.3805×10^{-16} erg/deg である。

解 $5\,kT = 5 \times 1.38 \times 10^{-16}(273 + 15) = 5 \times 3.97 \times 10^{-14}$
$= 1.99 \times 10^{-13}$ erg

$$5\,kT = h\nu = h\frac{c}{\lambda}$$

$$\lambda = \frac{hc}{5\,kT}$$

$$= \frac{6.626 \times 10^{-27} \times 3 \times 10^{10}}{1.99 \times 10^{-13}}$$

$= 10 \times 10^{-4}$ cm $= 10 \times 10^{-6}$ m
$= 10\,\mu$m

 # ランベルト・ベールの法則

目標

吸収法におけるランベルト・ベールの法則を理解する。

2-1 ランベルト・ベールの法則

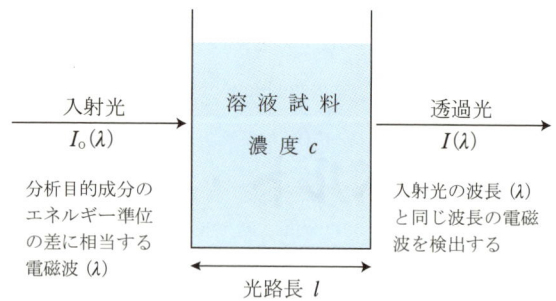

分析目的成分の濃度をc，溶液試料の光路長をlとする。物質は固有のエネルギー準位（電子エネルギー準位，振動エネルギー準位，回転エネルギー準位）を持っている。分析目的成分のエネルギー準位の差に相当する電磁波（λ）を溶液試料に照射すると，溶液試料中の分析目的成分のみが電磁波を吸収する。溶液試料中に存在する分析目的成分以外の成分は電磁波を吸収しない。

入射光$I_0(\lambda)$を溶液試料に照射し，入射光と同じ波長の透過光$I(\lambda)$を測定する。

透過率（transmittance）

$$T = \frac{I(\lambda)}{I_0(\lambda)} = 10^{-klc}$$

 lの単位：cm cの単位：g/L
 k：吸光係数 [cm$^{-1}\cdot$g$^{-1}\cdot$L]
  （absorptivity）

吸光度（absorbance）

$$A = -\log \frac{I(\lambda)}{I_0(\lambda)} = klc$$

$$A = \varepsilon l c$$

 lの単位：cm cの単位：mol/L
 ε：モル吸光係数 [cm$^{-1}\cdot$mol$^{-1}\cdot$L]
  （molar absorptivity）

試料濃度として質量濃度（g/L）を使用した時の比例定数が吸光係数であり，試料濃度としてモル濃度（mol/L）を使用した時の比例定数がモル吸光係数である。

ランベルトの法則（Lambert's Law）

吸光度は試料の光路長（l）に比例する。

［注：Lambert の L と光路長 l とが一致していると，覚えるとよい。］

ベールの法則（Beer's Law）

吸光度は試料の濃度（c）に比例する。

2つ合わせランベルト・ベールの法則（Lambert-Beer's Law）

$A = klc$　　k：吸光係数

$A = \varepsilon lc$　　ε：モル吸光係数

吸光度は試料の光路長（l）と濃度（c）に比例する。

l が 1 cm のセルを用いて，分析目的成分が 1 L あたり 1 g 含まれる濃度試料の吸光度が k であり，1 L あたり 1 モル含まれる濃度試料の吸光度が ε であるので，k と ε の関係式は

$\varepsilon = k \times$ 分子量　となる。

設問 2.1　分光光度計は，吸光度か%透過率のどちらかのスケールで読む。20 % T の吸光度はいくらか。また，吸光度 0.25 の時の%透過率はいくらか。

解

ランベルト・ベールの法則に関する問題では，透過率を求めるのが第1。

$A = -\log T$（透過率がわかれば吸光度は求められる）

逆に

$T = 10^{-A}$（吸光度がわかれば透過率が求められる）

注　意：透過率 T と吸光度 A の関係は，水素イオン濃度［H^+］と pH の関係に似ている。

$$pH = -\log[H^+]$$

$$[H^+] = 10^{-pH}$$

20 % T の時

$A = -\log 0.2 = 0.70$

吸光度 0.25 の時

$$T = 10^{-0.25} = 0.56 \qquad \% T = 56\%$$

A ⇔ T, pH ⇔ [H$^+$] が変換できるようにしよう。

設問 2.2 大腸菌から単離した DNA 分子（分子量は未知）の 20 ppm 溶液は，1 cm セルで，吸光度 0.40 を示す。この分子の吸光係数を計算せよ。

解

$20 \text{ ppm} = 20\,\mu\text{g/mL} = 20 \text{ mg/L}$

$A = klc$

$0.40 = k\,(1 \text{ cm})\,(20 \times 10^{-3} \text{ g/L})$

$k = 20 \;[\text{cm}^{-1}\cdot\text{g}^{-1}\cdot\text{L}]$

設問 2.3 式量 280 の化合物が，15 ppm の濃度の時，1 cm のセルで，ある波長での光を 65.0 ％吸収した。その波長におけるモル吸光係数を計算せよ。

解

透過率を求めるのが第 1。

65.0 ％吸収したということは

$\% T = 35\% \qquad T = 0.35$

よって，$A = -\log 0.35 = 0.456$

$15 \text{ ppm} = 15\,\mu\text{g/mL} = 15 \text{ mg/L}$

$$\frac{15 \times 10^{-3}}{280} = 5.36 \times 10^{-5} \text{ mol/L}$$

$A = \varepsilon lc$

$0.456 = \varepsilon\,(1 \text{ cm})\,(5.36 \times 10^{-5} \text{ mol/L})$

$\varepsilon = 8.50 \times 10^3 \;[\text{cm}^{-1}\cdot\text{mol}^{-1}\cdot\text{L}]$

設問 2.4 式量 180 の化合物が吸光係数 286 cm$^{-1}\cdot$g$^{-1}\cdot$L を示す。この化合物のモル吸光係数はいくらになるか。

解

$\varepsilon = k \times$ 分子量

$= 286 \text{ cm}^{-1}\cdot\text{g}^{-1}\cdot\text{L} \times 180 \text{ g}\cdot\text{mol}^{-1}$

$= 5.15 \times 10^4 \text{ cm}^{-1}\cdot\text{mol}^{-1}\cdot\text{L}$

設問 2.5 光路長 1.0 cm のセルに入った試料を分光計で測定したところ，ある波長

で 80 % の光が通過した。この波長におけるこの物質の吸光係数を 2.0 とすると，物質濃度はいくらか。

解

$\% T = 80 \%$　　$T = 0.80$

$A = -\log T = -\log 0.80 = 0.0968$

$A = klc$

$0.0968 = 2.0 \times 1.0 \times c$

$c = 0.048 \text{ g/L}$

設問 2.6　チタンは 1 M 硫酸中で過酸化水素と反応して色のついた化合物を生成する。2.00×10^{-5} M 溶液が 415 nm で 31.5 % 吸収するならば，6.00×10^{-5} M 溶液の吸光度および透過率はいくらか。

解

透過率を求めるのが第 1。

　　31.5% 吸収したということは，

　　　$\% T = 68.5 \%$　　$T = 0.685$

　　　$A = -\log T = -\log 0.685 = 0.164$

　　濃度が 3 倍なので吸光度も 3 倍になる。

　　　吸光度 $A = 0.164 \times 3 = 0.492$

　　　透過率 $T = 10^{-A} = 10^{-0.492} = 0.322$

設問 2.7　アニリン（分子量 93.1）はピクリン酸と反応して，359 nm に強い吸収をもつピクリン酸アニリン（$\varepsilon = 1.25 \times 10^4$）を生成する。0.0265 g の試料をピクリン酸と反応させて，1 L に希釈した。溶液は 1 cm セルで 0.368 の吸光度を示した。試料中のアニリンの割合は何%か。

解

アニリン　＋　ピクリン酸　⟶　ピクリン酸アニリン

（アニリン構造式　mw 93.1）　（ピクリン酸構造式）　　［ピクリン酸アニリン構造式　$\varepsilon = 1.25 \times 10^4$］

$$A = \varepsilon l c$$

$$0.368 = (1.25 \times 10^4)(1\,\text{cm})\,c$$

$$c = 2.94 \times 10^{-5}\,\text{mol/L}$$

アニリンとピクリン酸アニリンのモル比は 1 : 1 なので，アニリンも $2.94 \times 10^{-5}\,\text{mol/L}$

$2.94 \times 10^{-5} \times 93.1 = 2.74 \times 10^{-3}\,\text{g}$ アニリン

$$\frac{2.74 \times 10^{-3}}{2.65 \times 10^{-2}} \times 100\,\% = 10.3\,\%$$

2-2 地球観測におけるランベルト・ベールの法則の応用

衛星に搭載した可視・赤外分光光度計によるオゾンの鉛直分布の測定（太陽掩蔽法）

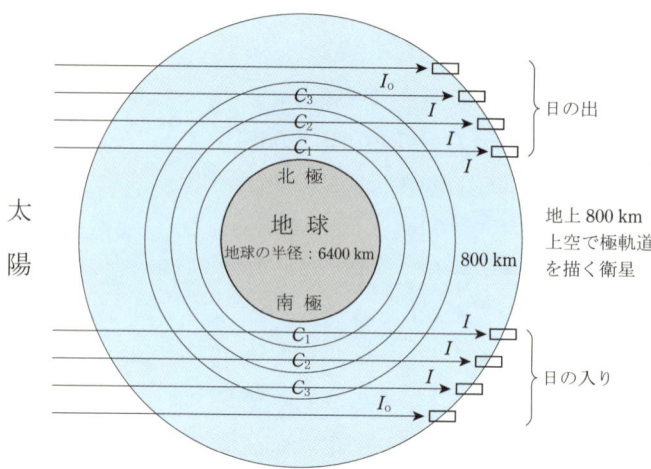

太陽光を光源とした可視・赤外領域の吸収スペクトルを測定する。このような衛星を用いた地球規模の観測にもランベルト・ベールの法則が応用されている。

地球を取り巻く大気の層は，対流圏と成層圏を考えると約 100 km である。地上 800 km 上空で極軌道を描く衛星から太陽を追尾しながらオゾンの吸収スペクトルを測定する。衛星は地球を 1 日に約 14 周回する。それに伴い，衛星

から日の出，日の入りがそれぞれ 14 回ずつ起こる．大気を通過しない太陽光が大気圏外の太陽光であり，ランベルト・ベールの法則でいう入射光 I_0 となり，大気を通過した太陽光が透過光 I となる．

地球を取り巻く大気の層の層ごとのオゾン濃度は一定であると仮定し，層ごとのオゾン濃度（C_1, C_2, C_3……）が求まれば，北極域および南極域上空でのオゾン鉛直分布を求めることができる．

この時使用する波長は，オゾンの固有な伸縮振動エネルギー差に相当する 9.6 μm（1042 cm^{-1}）の赤外光である．層ごとのオゾン濃度はタマネギの皮をむくように外側から内側に向けて解いてゆく（これを掩蔽法，onion peel 法という）．上図で，C_3 の層のみを通過してきた透過光 I を測定して，その吸光度 $A = -\log(I/I_0) = \varepsilon l c$ を求める．光路長 l は計算で求めることができるので C_3 を求めることができる．次に，C_2 の層と C_3 の層を通過してきた透過光 I を測定する．C_3 の層による吸光度を差し引いて C_2 の層のみによる吸光度を求める．光路長 l は計算で求めることができるので C_2 を求めることができる．次に，C_1 層，C_2 層，C_3 層を通過してきた透過光 I を測定する．C_2 の層と C_3 の層による吸光度を差し引いて C_1 の層のみによる吸光度を求める．光路長 l は計算で求めることができるので C_1 を求めることができる．このようにして C_1, C_2, C_3 が得られれば，極域でのオゾン鉛直分布を求めることができる．

ランベルト・ベールの法則は基礎的な法則であるが，このように，衛星を利用した地球観測にも応用されている重要な法則である．

紫外・可視スペクトルと吸光光度法

目　標

紫外・可視吸収スペクトルより得られる情報は何か？

ランベルト・ベールの法則を利用した吸光光度法により金属または非金属の定量法を学ぶ。

3-1 紫外・可視スペクトル（200～400 nm, 400～800 nm）

(1) 分子内の電子の分類

① 結合に関与しない内殻電子

② 共有単結合電子（σ 電子）　　$-CH_2 \ominus CH_2-$

③ 外殻非共有電子対（n 電子）　　$-\ddot{N}-\quad -\ddot{\ddot{O}}-\quad -\ddot{\ddot{S}}-\quad -\ddot{\ddot{X}}:$

　　　　　　　　　　　　　　　　　X：ハロゲン元素

④ π 電子　　二重結合　　　　$-CH=CH-$

　　　　　　　三重結合　　　　$-C\equiv C-$

(2) 分子内の電子エネルギー準位

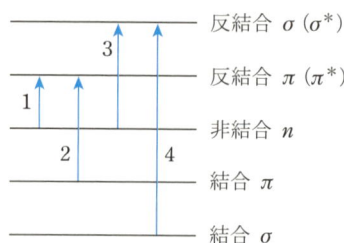

　　　　　　　　　　　　　　　　反結合 σ (σ^*)
　　　　　　　3
　　　　　　　　　　　　　　　　反結合 π (π^*)
　　　1
　　　　　　　　　　　　　　　　非結合 n
　　　　　2　　　4
　　　　　　　　　　　　　　　　結合 π

　　　　　　　　　　　　　　　　結合 σ

一般的遷移　　1　$n \to \pi^*$ 遷移　　　2　$\pi \to \pi^*$ 遷移

3 の $n \to \sigma^*$ や 4 の $\sigma \to \sigma^*$ は 200 nm 以下の波長で起こる遷移。

　2　$\pi \to \pi^*$ 遷移　　　　　　1　$n \to \pi^*$ 遷移
　　（短波長側）　　　　　　　　　（長波長側）

$>C \overset{\frown}{=} \ddot{O} \to >C^+ - C^-$　　$>C = \ddot{\ddot{O}} \to >C^- \equiv C^+$
　　強い吸収　　　　　　　　　　　　　弱い吸収

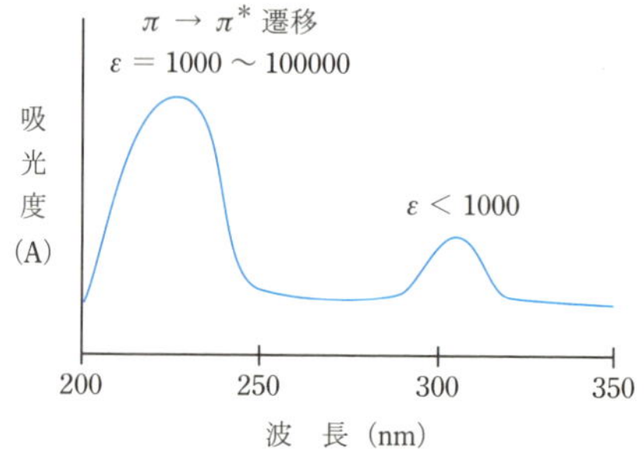

　　　　　　　　$\pi \to \pi^*$ 遷移
　　　　　　　$\varepsilon = 1000 \sim 100000$

吸
光　　　　　　　　　　$\varepsilon < 1000$
度
(A)

　　　200　　250　　300　　350
　　　　　　波　長（nm）

ε はモル吸光係数（molar absorptivity）

[1 cm のセルで，1 M 溶液を通過する時の吸光度]

3-2 紫外・可視吸収（ultraviolet・visible absorption）を示す吸収基

(1) **発色団**　π 電子をもっている吸収基
$>C=C<$（アルケン），$>C=O$（ケトン），$-\overset{\overset{O}{\|}}{C}-H$（アルデヒド），$-NO_2$（ニトロ）など紫外・可視吸収を示す化合物は π 電子をもっている。

(2) **助色団**　n 電子をもっている官能基
$-\ddot{O}H$（水酸基），$-\ddot{N}H_2$（アミン基），$-\ddot{X}:$（ハロゲン）など発色団と結合すると，吸収を高めたり（濃色効果），吸収波長を長波長側へシフト（深色シフト）させる。

  濃色効果　吸収強度の増加　　hyperchromism
その逆が
  淡色効果　吸収強度の減少　　hypochromism
  深色シフト　長波長側へのシフト　bathochromic shift
その逆が
  浅色シフト　短波長側へのシフト　hypsochromic shift

(3) n–π 共役と π–π 共役
 n–π 共役　発色団と助色団とが1つの単結合によって隔てられている場合。
 π–π 共役　二重結合または三重結合が1つの単結合によって隔てられている場合。

n–π 共役や π–π 共役が増えると濃色効果と深色シフトが起こる。

設問 3.1　次の用語を定義せよ。発色団，助色団，濃色効果，淡色効果，深色シフト，浅色シフト。

解
 発 色 団—吸収基（π 電子をもっている）
 助 色 団—発色団と結合すると，吸収を高めたり（濃色効果），吸収波長を長波長側へシフトさせ（深色シフト）たりする n 電子をもっている官能基
 濃色効果—吸収を増加
 淡色効果—吸収を減少
 深色シフト—λ_{max} を長波長側へシフトさせる

浅色シフト―λ_{max}を短波長側へシフトさせる

設問 3.2 次の化合物の内，どちらの方が長波長側に，しかも大きな吸収強度を示すか。

(a) CH_3CH_2COOH　または　$CH_2=CHCOOH$

(b) $CH_3CH=CHCH=CHCH_3$　または　$CH_3C≡C-C≡CCH_3$

(c) OCH$_3$ 置換ベンゼン　または　CH$_3$ 置換ベンゼン

解

(a) 右　π-π 共役がある為

(b) 左　より強い π-π 共役がある為

(c) 左　n-π 共役がある為

設問 3.3 次の2つの化合物の組み合わせの内，はじめの化合物から次の化合物へ変化するとき，吸収極大波長が大きくなる組合せはどれか。また，吸収強度が増加する組合せはどれか。

(a) ナフタレン → ピレン

(b) ビフェニル → p-ターフェニル

(c) ビフェニル → m-ターフェニル

解

(a) 濃色効果と深色シフト

(b) 濃色効果と深色シフト

(c) 濃色効果のみ

3-3　無機・分析化学での応用

(1) 滴定の指示薬

n-π 共役や π-π 共役を増やして吸収を紫外領域から可視領域にシフトさせてやる。

① 酸塩基滴定の指示薬

［例］フェノールフタレイン

pH 8
無　色

pH 8からpH 10と水素イオン濃度が減少すると無色から赤色に変化する。

pH 10
赤　色

プロトン（H^+）の増減により色が変化する。

キノン型（共役の度合が大きくなる）

② 錯滴定の指示薬

［例］エリオクロムブラック T（BT指示薬）

MgIn$^-$（赤色）

EDTAを加えてゆき，すべてのMg^{2+}がEDTA錯体となると，赤色から青色に変化する。

HIn^{2-}（青色）

金属錯体の金属と配位子間の電荷移動による強い吸収

$$\underset{\text{(赤色)}}{\text{MgIn}^-} + \underset{\text{(無色)}}{\overset{\text{EDTA}}{\text{H}_2\text{Y}^{2-}}} \longrightarrow \underset{\text{(無色)}}{\text{MgY}^{2-}} + \underset{\text{(青色)}}{\text{HIn}^{2-}} + \text{H}^+$$

pH 10 で行なう。終点では赤色から青色に変化する。すべての Mg^{2+} が EDTA 錯体となると，エリオクロムブラック T はフリーとなり青色となる。

(2) 吸光光度法

有機キレート試薬と金属または非金属との錯体

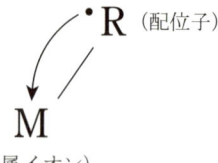

金属錯体の吸収

・金属イオンの励起

・配位子（リガンド）の励起

・金属イオンと配位子との間で電荷移動

　この 3 番目の吸収が特に強い吸収を示す。

金属錯体の強い吸収は，金属イオンと配位子との間での電子の移動（電荷移動遷移）に起因する。酸化還元反応が起きている。

金属錯体の強い吸収（強い色）を利用して金属または非金属の定量を行なうのが吸光光度法（absorption spectrometry）である。

［吸光光度法の例］

キレート試薬（1,10-フェナントロリン＝ o-フェナントロリン）を用いた Fe(II) の定量

1,10-フェナントロリン(Ph)　　$C_{12}H_8N_2H^+$

Ph は Fe(II) とのみ錯体を生成する。錯体は $\lambda = 510$ nm に強い吸収があり

($\varepsilon = 11100$)，赤色を示す．この吸収は金属イオンと配位子間の電荷移動に起因する吸収である．

$$Fe^{2+} + 3PhH^+ \rightleftharpoons (Fe\ Ph_3)^{2+} + 3H^+$$

吸光光度法の手順

ステップ 1：標準溶液（standard solutions）の作製
　　　　↓
ステップ 2：検量線（calibration curve）の作製
　　　　↓
ステップ 3：未知試料（unknown sample）の測定

良く用いられる吸光光度表

分析目的成分	キレート試薬	測定波長 nm（目で見える色）	補色を吸収
Fe(II) 二価鉄	1,10-フェナントロリン	510（赤）	青緑
Cr(VI) 六価クロム	ジフェニルカルバシド	540（赤紫）	緑
P リン	モリブデン青	880（青）	黄みの橙
CN シアン	ピリジン-ピラロゾン混液	620（青）	黄みの橙
NH_3 アンモニア	インドフェノール青	630（青）	黄みの橙
NO_2^- 亜硝酸	ナフチルエチレンジアミン	540（赤紫）	緑

設問 3.4　Fe(II) は 1,10-フェナントロリンと反応させ，510 nm に強い吸収をもつ錯体を生成し，吸光光度法で測定する．標準 Fe(II) の保存溶液として，1 L のフラスコを用い，水に 0.0702 g の硫酸アンモニウム鉄 $Fe(NH_4)_2(SO_4)_2 \cdot 6H_2O$ を溶解させ，硫酸を 2.5 mL 加え，薄めて体積を 1 L にしたものを準備する．一連の標準溶液は以下の様に準備する．保存溶液を 1.00, 2.00, 5.00, 10.0 mL，各々 100 mL のメスフラスコにとり，塩化ヒドロキシルアミンを加えて Fe(III) を Fe(II) に還元し，次にフェナントロリン溶液

を加え，水で薄めて体積を 100 mL にする。同様に，100 mL のメスフラスコにブランクとして蒸留水を入れたものと未知試料を入れたものを用意する。その両方のフラスコに同量の試薬を加え，水で薄めて体積を 100 mL にする。ブランクに対する以下の吸収が 510 nm で得られたならば，試料中には何ミリグラムの Fe が入っているか。

溶　液	A（吸光度）
標準溶液 1	0.081
標準溶液 2	0.171
標準溶液 3	0.432
標準溶液 4	0.857
試　料	0.463

解

ステップ 1：標準溶液の作製

$$0.0702 \text{ g} \times \frac{\text{Fe}}{\text{Fe}(\text{NH}_4)_2(\text{SO}_4)_2 \cdot 6\text{H}_2\text{O}}$$

$$= 0.0702 \times \frac{55.85}{392.2} = 0.0100 \text{ g Fe}$$

これを 1 L に溶かしたのだから

Fe $10 \text{ mg/L} = 10 \text{ }\mu\text{g/mL} = 10$ ppm

標準溶液		A（吸光度）
$10 \text{ ppm} \times \dfrac{1}{100} = 0.1$ ppm		0.081
$10 \text{ ppm} \times \dfrac{2}{100} = 0.2$ ppm		0.171
$10 \text{ ppm} \times \dfrac{5}{100} = 0.5$ ppm		0.432
$10 \text{ ppm} \times \dfrac{10}{100} = 1.0$ ppm		0.857
原点	0.0 ppm	0.000

ステップ2：検量線の作成

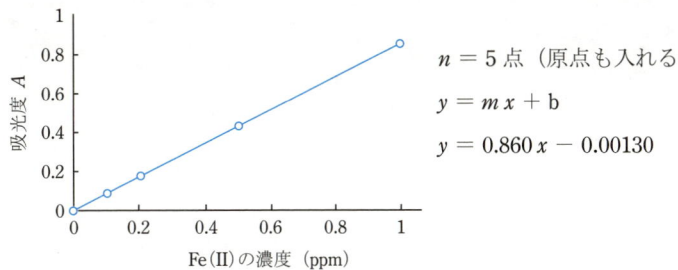

$n = 5$ 点（原点も入れる）

$y = mx + b$

$y = 0.860\,x - 0.00130$

ステップ3：未知試料の測定

試料の吸光度 0.463 を y に入れて

$x = 0.540$ ppm

試料は 100 mL あるので

$0.540\,\mu\text{g/mL} \times 100\,\text{mL} = 0.054\,\text{mg}$

4 赤外吸収スペクトルとラマン分光分析

目標

赤外吸収スペクトルより得られる情報は何か？

赤外活性とラマン活性の違いを学ぶ。

4-1 赤外吸収とラマン散乱

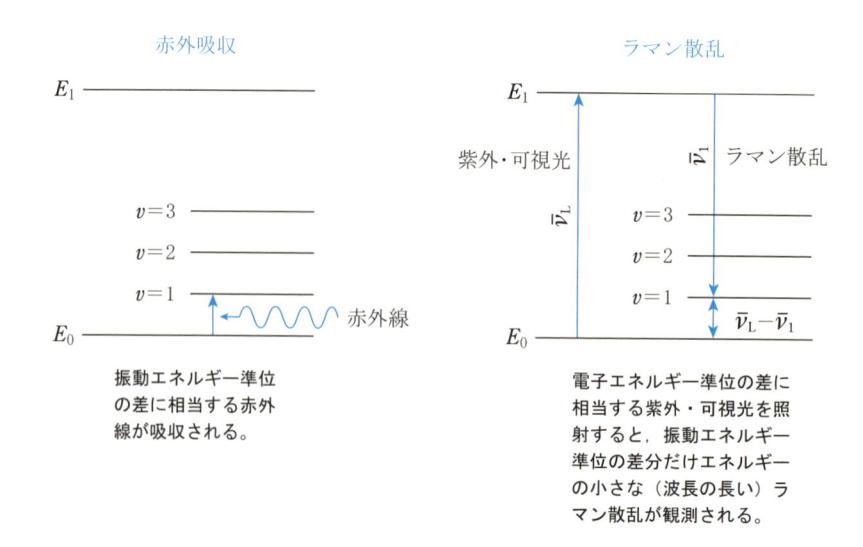

赤外吸収

E_1 ——————

$v=3$ ——
$v=2$ ——
$v=1$ ——   赤外線
E_0 ——————

振動エネルギー準位の差に相当する赤外線が吸収される。

ラマン散乱

E_1 ——————

紫外・可視光 $\bar{\nu}_1$ ラマン散乱
$\bar{\nu}_L$
             $v=3$ ——
             $v=2$ ——
             $v=1$ —— $\bar{\nu}_L - \bar{\nu}_1$
E_0 ——————

電子エネルギー準位の差に相当する紫外・可視光を照射すると、振動エネルギー準位の差分だけエネルギーの小さな（波長の長い）ラマン散乱が観測される。

赤外吸収もラマン散乱も共に振動エネルギー準位の情報を与える。

4-2　赤外吸収スペクトル

各官能基による赤外吸収スペクトルの特性波数

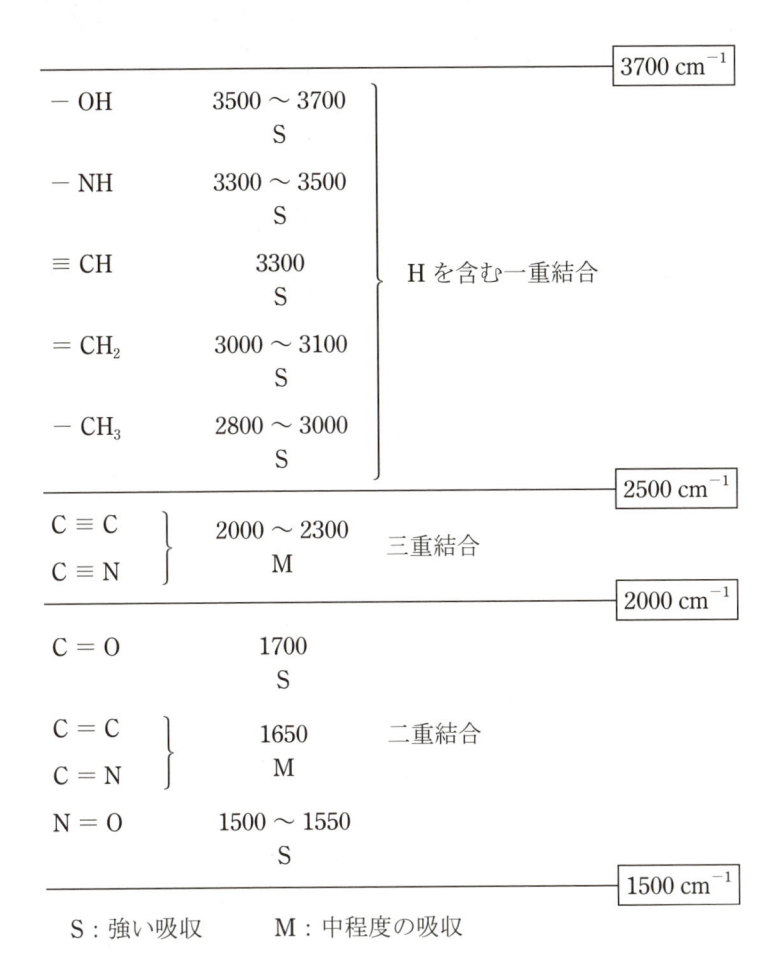

3700 cm^{-1}

－OH	3500〜3700 S	
－NH	3300〜3500 S	
≡CH	3300 S	Hを含む一重結合
＝CH_2	3000〜3100 S	
－CH_3	2800〜3000 S	

2500 cm^{-1}

C≡C	2000〜2300 M	三重結合
C≡N		

2000 cm^{-1}

C＝O	1700 S	
C＝C	1650 M	二重結合
C＝N		
N＝O	1500〜1550 S	

1500 cm^{-1}

S：強い吸収　　M：中程度の吸収

設問 4.1 下のスペクトル A ～ E はいずれも分子式 $C_6H_{12}O$ で示される化合物のものである。どのスペクトルがつぎのどの化合物に相当するか次の問に答えよ。

1) 2-ヘキサノン，2) ヘキサナール，3) 1-ヘキセン-3-オール，4) シス-3-ヘキセン-1-オール，5) n-ブチルビニルエーテル

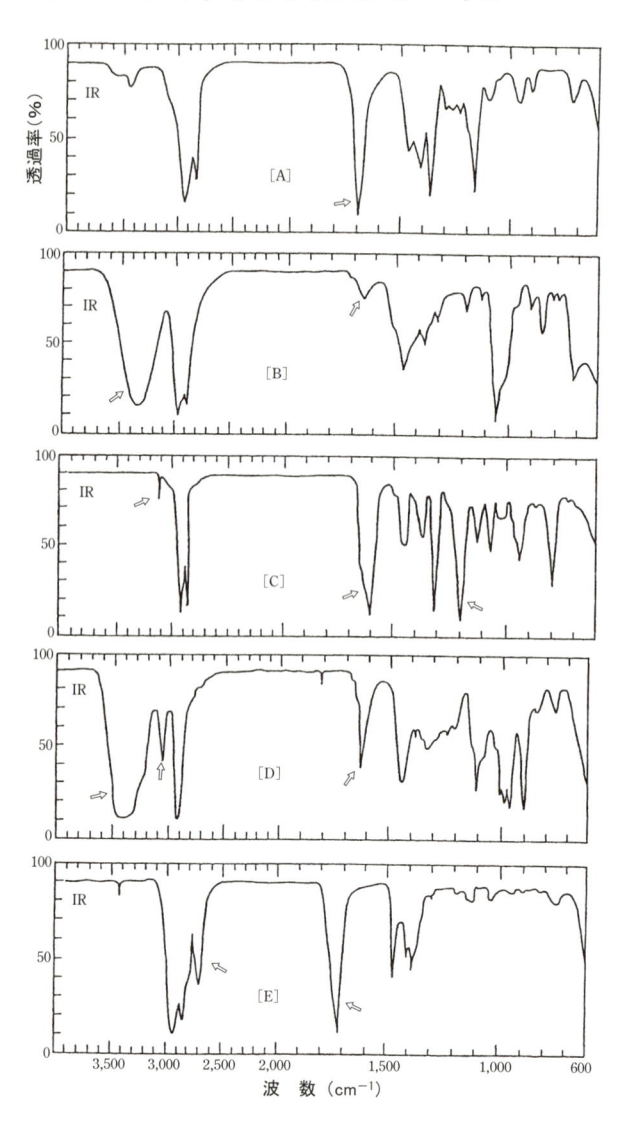

(1) －OH による強い吸収を示している IR スペクトルはどれか。

(2) ＞C＝O による強い吸収を示している IR スペクトルはどれか。

(3) ＞C＝C＜ による中程度の吸収を示している IR スペクトルはどれか。

|解|

(1) ［B］と［D］には $3300 \sim 3700 \text{ cm}^{-1}$ に －OH による強い吸収が観測されている。

(2) ［A］と［E］には 1700 cm^{-1} に ＞C＝O による強い吸収が観測されている。

(3) ［B］，［C］，［D］には 1650 cm^{-1} に C＝C による中程度の吸収が観測されている。

|解　説| A から E の IR スペクトルがどの化合物に相当するかは，さらに詳しい IR スペクトルの解析が必要である。

3) 1-ヘキセン-3-オール

$$H_2C=CH-\underset{\underset{\displaystyle OH}{|}}{CH}-CH_2CH_2CH_3$$

4) シス-3-ヘキセン-1-オール

$$HO-CH_2-CH_2-\underset{\underset{\displaystyle H}{|}}{C}=\underset{\underset{\displaystyle H}{|}}{CH}-CH_2CH_3$$

3) と 4) は共に －OH 基をもつ。［B］と［D］の決めては，C＝C の二重結合が端にあるか中にあるかである。

C＝C の二重結合が端にある －CH＝CH$_2$ や ＞C＝CH$_2$ では，3050 cm^{-1} にやや強い吸収と 2900 cm^{-1} に強い吸収のタブレットの吸収を示す。一方，C＝C の二重結合が中にある $\underset{H}{\overset{H}{>}}C=O\underset{I}{\overset{I}{<}}$ や $\underset{H}{\overset{H}{>}}C=O\underset{I}{\overset{I}{<}}$ では，3000 cm^{-1} に強い 1 本の吸収を示す。

よって，［D］の IR スペクトルは 3) であり，［B］の IR スペクトルは 4) である。

1) 2-ヘキサノン

$$H_3C-\overset{\overset{\displaystyle O}{\|}}{C}-CH_2CH_2CH_2CH_3$$

2) ヘキサナール

$$H-\overset{\overset{\displaystyle O}{\|}}{C}-CH_2CH_2CH_2CH_3$$

1) と 2) は共に $>C=O$ 基をもつ。[A] と [E] の決めては，アルデヒド基かケトン基の違いである。

アルデヒド基 $H-\overset{\overset{\displaystyle O}{\|}}{C}-$ は，2700 cm^{-1} に中程度の吸収を示すのに対し，ケトン基 $-\overset{\overset{\displaystyle O}{\|}}{C}-$ には C-H による伸縮振動はない。

よって，[E] の IR スペクトルは 2) であり，[A] の IR スペクトルは 1) である。

5) n-ブチルビニルエーテル

$$H_3C-CH_2CH_2CH_2-O-\overset{\overset{\displaystyle H}{|}}{C}=CH_2$$

エーテルは，1200 cm^{-1} に強い吸収を示す。よって，[C] の IR スペクトルが 5) である。また，よくみると，C＝C の二重結合が端にあるので，3050 cm^{-1} にやや強い吸収と 2900 cm^{-1} に強い吸収のタブレットを示している。

4-3 赤外活性とラマン活性

分子振動

　分子に含まれる原子の数を N 個とすれば，基本振動 (normal mode) の数は，非直線型の分子では $3N-6$ 個，直線分子では $3N-5$ 個である。

赤外活性 (infrared active)

　赤外吸収は，双極子モーメントが変化する場合活性となる。

ラマン活性 (Raman active)

　ラマン散乱は，分子の分極率が変化する場合活性となる。

CO_2 の例

基本振動は，$3N-5 = 3 \times 3 - 5 = 4$ 個ある。図 4-1 に示すように 4 種類の振動モデルが考えられる。

	赤外	ラマン	
① 対称伸縮振動	×	○	

双極子モーメントが変化しないので赤外不活性。でも分極率は変化するのでラマン活性

	赤外	ラマン	
② 逆対称伸縮振動	○	×	2330 cm^{-1} ($4.3 \mu\text{m}$)

	赤外	ラマン	
③と④ 変角振動	○	×	667 cm^{-1} ($15 \mu\text{m}$)

③と④は縮重している。

① 対称伸縮振動

② 逆対称伸縮振動

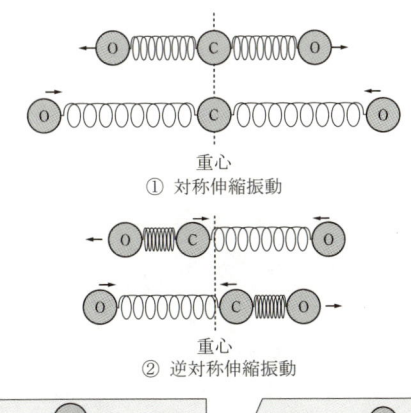

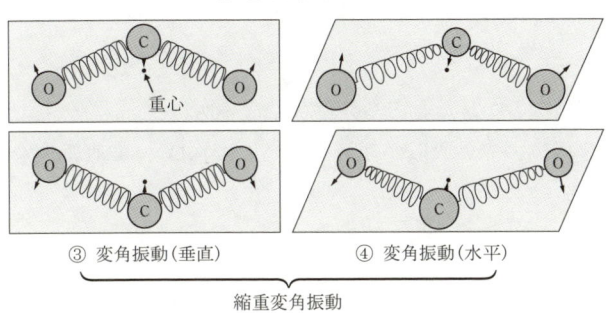

③ 変角振動（垂直）　　④ 変角振動（水平）

縮重変角振動

図 4-1　CO_2 の振動モデル

CO_2 のように直線型をしていると 2 種類の赤外線吸収が観測される。

H_2O の例

基本振動は，$3N - 6 = 3 \times 3 - 6 = 3$ 個ある．図 4-2 に示すように 3 種類の振動モデルが考えられる．

		赤外	ラマン	
①	対称伸縮振動	○	○	3650 cm^{-1} (2.74 μm)
②	逆対称伸縮振動	○	○	3760 cm^{-1} (2.66 μm)
③	変角振動	○	○	1595 cm^{-1} (6.27 μm)

① 対称伸縮振動　② 逆対称伸縮振動　③ 変角振動

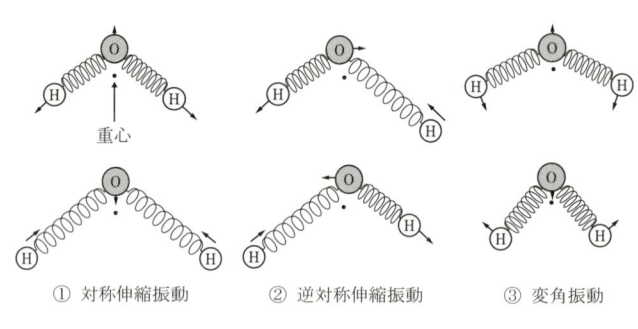

図 4-2　H_2O の振動モデル

H_2O のように非直線型をしていると 3 種類の赤外吸収が観測される．

O_3 の例

O_3 は直線型なのか，それとも非直線型なのか．
O_3 には 3 種類の赤外吸収が観測されるので，O_3 は非直線型をしていることがわかる．

人工衛星の中で地球からの上向き赤外放射スペクトルを観測すると，大気中の H_2O と CO_2 の大きな吸収のため，ほとんどの赤外領域で地表面は観測できない。しかし，$800 \sim 1250$ cm^{-1}（波長で表わすと $12.5 \sim 8$ μm）の領域だけは H_2O と CO_2 による吸収がないので地表面の観測が可能になる。

この領域は「大気の窓」と呼ばれている。

大気の窓に観測される 1042 cm^{-1}（9.6 μm）の吸収は O_3 の逆対称伸縮振動による吸収である。

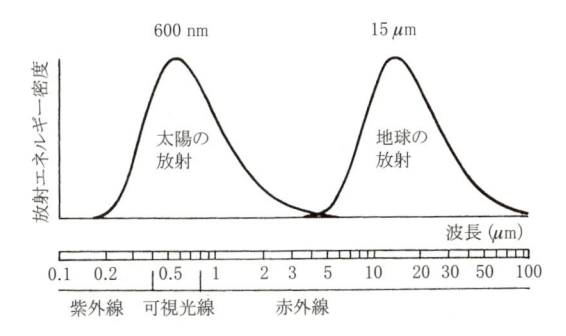

図 4-3　地上で観測される太陽の放射スペクトルと地球の放射スペクトル

表 4-1 代表的な温室効果ガスの推移

温室効果ガス	産業革命以前の濃度	1992年の濃度	最近の年間増加率	地球温暖化係数[*]	寿命
CO_2	275 ppm	356 ppm	0.5%	1	120 年
CH_4	0.7 ppm	1.74 ppm	1%	20	11 年
N_2O	285 ppb	310 ppb	0.25%	100	130 年
対流圏 O_3	低[**]	10〜100ppb	1%	2000	—
CFC-12	0.0 ppb	0.50 ppb	4%	10000	120 年
CFC-11	0.0 ppb	0.28 ppb	4%	10000	60 年

＊ CO_2 の影響を1とした時の相対値（単位質量あたりの効果の比較）
＊＊ 現在より0〜25%低かった。

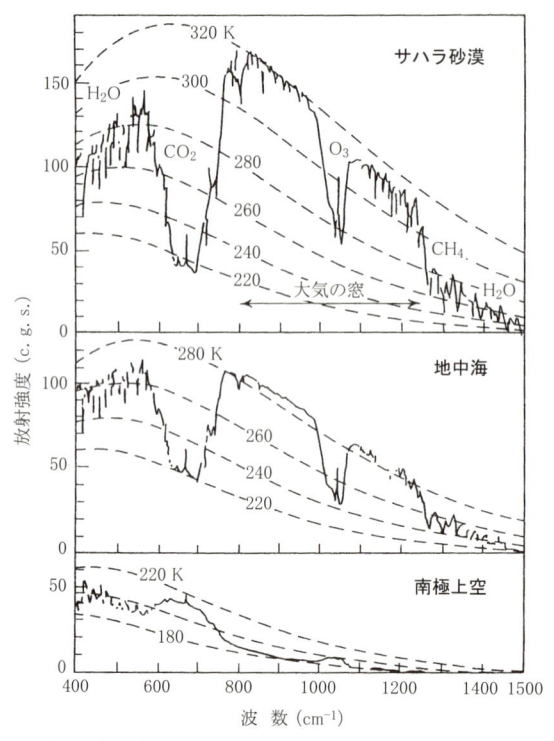

図 4-4 ニンバス4号で測定されたサハラ砂漠，地中海，南極上空での赤外放射スペクトル
（破線はそれぞれの温度(K)に対応する黒体放射スペクトルを表わす）（Hanel ら，1971 年）

5 紫外・可視分光光度計と赤外分光光度計

目標

紫外・可視分光光度計と赤外分光光度計の装置の構成について学ぶ。

5-1 装置の構成

紫外・可視（200 ～ 800 nm）分光光度計（UV・vis spectrometer）と赤外（2 ～ 15 μm）分光光度計（IR spectrometer）は同じ装置の構成からなっている。

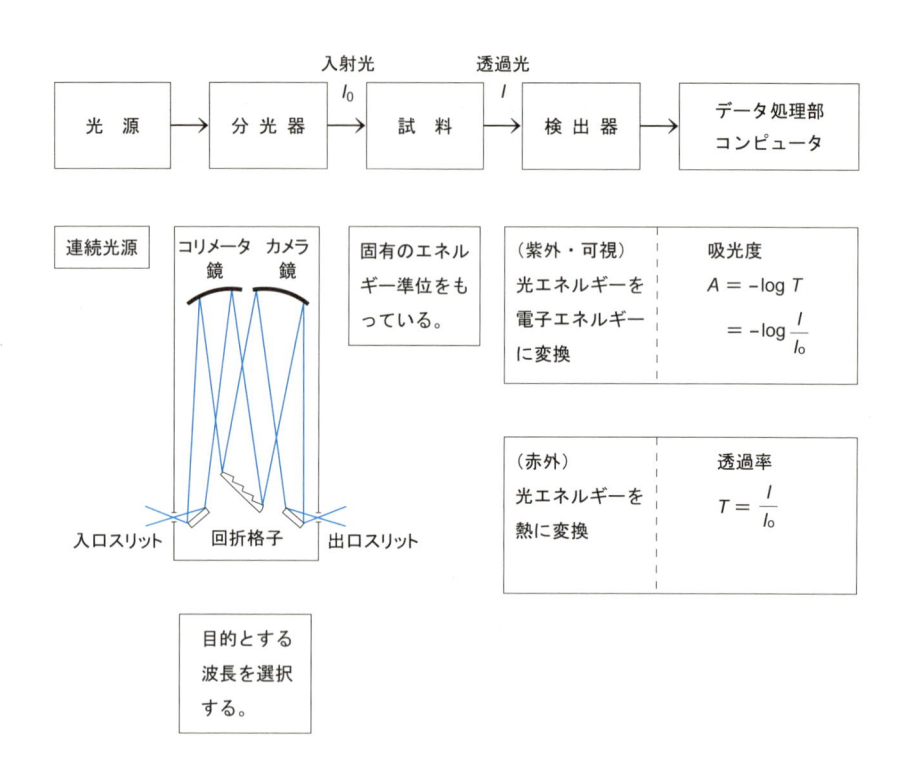

```
光源 → 分光器 →(入射光 I₀)→ 試料 →(透過光 I)→ 検出器 → データ処理部 コンピュータ
```

連続光源

コリメータ鏡　カメラ鏡

入口スリット　回折格子　出口スリット

固有のエネルギー準位をもっている。

（紫外・可視）光エネルギーを電子エネルギーに変換

吸光度
$A = -\log T = -\log \dfrac{I}{I_0}$

（赤外）光エネルギーを熱に変換

透過率
$T = \dfrac{I}{I_0}$

目的とする波長を選択する。

データ処理部のソフトウェアは装置ごとに違っているが装置の構成は同じである。

測定しようとしている物質は固有なエネルギー準位をもっている。そのエネルギー準位の差に相当する波長の光を分光器により選択する。

5-2 分光器と回折格子

分光器（monochromator）

ツェルニターナー型分光器

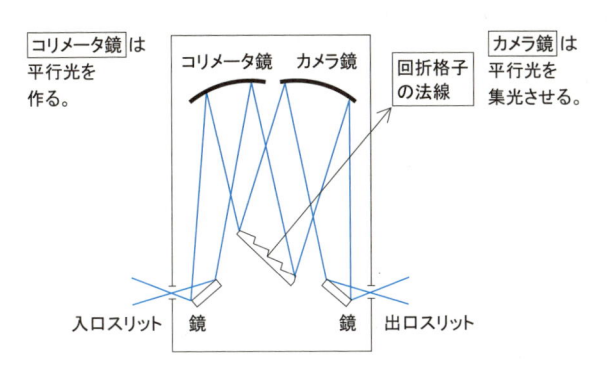

コリメータ鏡 は平行光を作る。
コリメータ鏡　カメラ鏡
回折格子の法線
カメラ鏡 は平行光を集光させる。

入口スリット　鏡　鏡　出口スリット

回折格子の法線

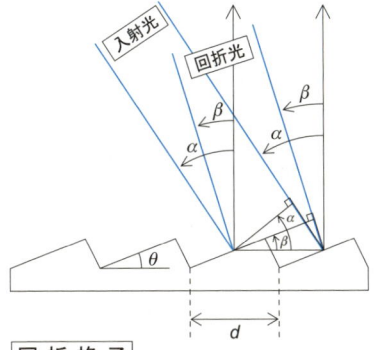

入射光　回折光
β　β
α　α
θ
d

回折格子
(grating)
アルミニウムなどのよく磨いた表面に平行線（溝）を引いたもの

(1) 回折光が強めあう条件

$d(\sin\alpha + \sin\beta) = m\lambda$

- α：回折格子の法線に対する入射角（常に正）
- β：回折格子の法線に対する回折角

  （法線に対して入射光と同じ側にあるものを正，反対側にあるものを負とする）

- m：$0, \pm 1, \pm 2, \pm 3$ ……

  次数

  （0次光に対して入射光と同じ側にあるものを正，反対側にあるものを負とする）

- d：溝の間隔
- θ：ブレーズ角

  $2d\sin\theta = \lambda$ になる波長がブレーズ波長で，この波長の近傍の光に対して回折格子の反射効率が良い。よって，測定する光の波長に応じて適切な回折格子を選択する必要がある。

(2) 逆線分散と分解能

逆線分散 (reciprocal linear dispersion)

（単位長さ 1 mm あたりの波長 nm）

$$\frac{\mathrm{d}\lambda}{\mathrm{d}l} = \frac{d\cos\beta}{mf}$$ （単位：nm/mm）

- f：分光器の焦点距離

  （コリメータ鏡およびカメラ鏡の焦点距離）

- d：溝の間隔
- β：回折格子の法線に対する回折角
- m：次数

分散を良くするためには逆線分散を小さくする

1 mm あたりの波長が小さい

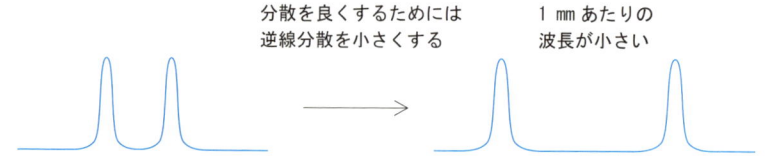

逆線分散を小さくするためには，次数 m，焦点距離 f，あるいは回折角 β を大きくするか，溝の間隔 d を小さくする。

$$\Delta\lambda = \left(\frac{d\cos\beta}{mf}\right)s$$

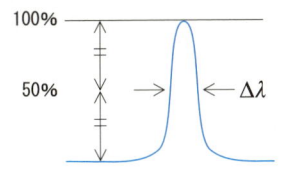

s：入口スリット幅

$\Delta\lambda$：スペクトルバンド幅（spectral band width）

半値幅　FWHM（full width at half maximum）

分解能　（resolution）

$$R = \frac{\lambda}{\Delta\lambda} = m\frac{W}{d} = mN$$

W：回折格子の幅

d：溝の間隔

N：全刻線数

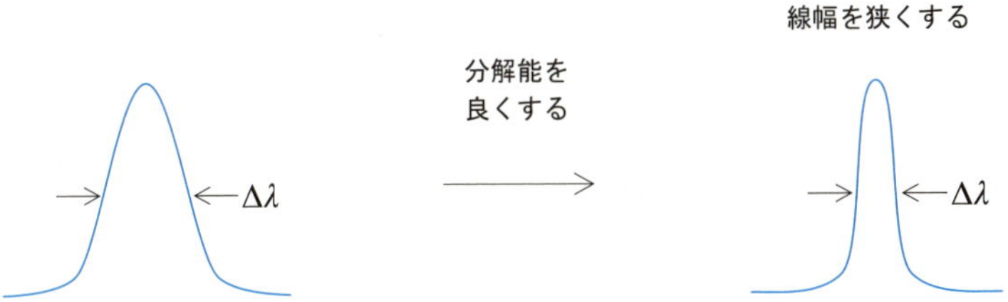

分解能を良くするためには，次数 m または全刻線数 N を大きくする．

(3) 分光器の F 値

F 値（F-value）　分光器の明るさを表わす．F 値が小さい程明るい分光器　回折格子の対角線の長さを l とすると，

$$F = \frac{f}{l}$$

ここで，f は焦点距離．

参 考 焦点距離 1 m の分光器の典型的な値

焦点距離　1 m

回折格子　(幅 140 mm × 高さ 120 mm)

　溝の数　1200 本/mm

逆線分散　0.8 nm/mm

分解能　半値幅　$\Delta\lambda = 0.008$ nm (300 nm で)

$$R = \frac{300}{0.008} = 37500$$

入口スリットを 10 μm = 0.01 mm に設定すると，

スペクトルバンド幅は，

　　0.8 nm/mm × 0.01 mm = 0.008 nm となる。

回折格子

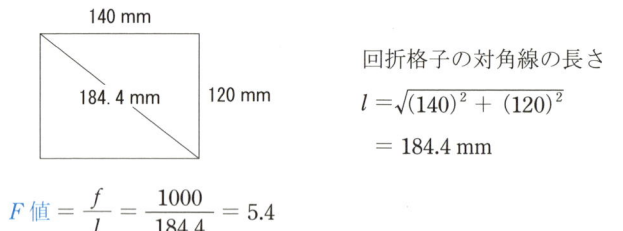

　　　　140 mm

　　184.4 mm　　120 mm

回折格子の対角線の長さ

$l = \sqrt{(140)^2 + (120)^2}$

　　$= 184.4$ mm

$F 値 = \dfrac{f}{l} = \dfrac{1000}{184.4} = 5.4$

5-3　光源 (source)

紫外領域　　　　　重水素放電管 (D_2 ランプ)
(185 〜 400 nm)

可視〜近赤外領域　タングステンランプ (W ランプ)
(350 nm 〜 3 μm)　ハロゲンランプ
　　　　　　　　　キセノンランプ (Xe ランプ)

赤外領域　　　　　ネルンスト発光体
(2 〜 15 μm)　　　　希土類酸化物の混合物の棒を加熱 (1500 〜 2000℃)
　　　　　　　　　グローバー
　　　　　　　　　　焼結した炭化ケイ素の棒を加熱 (1300 〜 1700℃)

5-4 光学材料（セル，窓材，レンズなど）

紫外領域　　　　合成石英（0.16 〜 4.5 μm）
(200 〜 400 nm)　溶融石英（0.18 〜 4.5 μm）

可視領域　　　　硼ケイ酸ガラス（0.3 〜 2.8 μm）
(400 〜 800 nm)　パイレックスガラス（0.3 〜 2.8 μm）

赤外領域　　　　アルカリ金属ハロゲン化物
(2 〜 15 μm)　　　　NaCl（0.21 〜 26.0 μm）
　　　　　　　　　　KBr（0.23 〜 40.0 μm）
　　　　　　　　　　CsI（0.24 〜 70.0 μm）

5-5 検出器 (detector)

紫外・可視領域　光電子増倍管
(200 〜 800 nm)　　PMT（Photo Multiplier Tube）光を電気信号に変換する
　　　　　　　　フォトダイオード
　　　　　　　　　　p型半導体とn型半導体の接合
　　　　　　　　CCD（Charge Coupled Device）
　　　　　　　　　　二次元検出器

赤外領域　　　　熱電対
(2 〜 15 nm)　　　2点でつながっている2本の金属線間の起電力が2点間の温度差の関数になることを利用する。
　　　　　　　　ボロメーターとサーミスター
　　　　　　　　　　温度が高くなると抵抗値が高くなることを利用する。
　　　　　　　　光電圧検出器
　　　　　　　　　　高速応答
　　　　　　　　　　PbSnTe検出器
　　　　　　　　　　HgCdTe検出器（MCT）

6 蛍光分光分析

目標

蛍光分光分析装置の構成について学ぶ。

6-1 装置の構成

蛍光分光分析装置は以下のような構成からなっている。

蛍光分光分析（fluorescence spectrometry）は紫外・可視領域の電磁波を用いる。

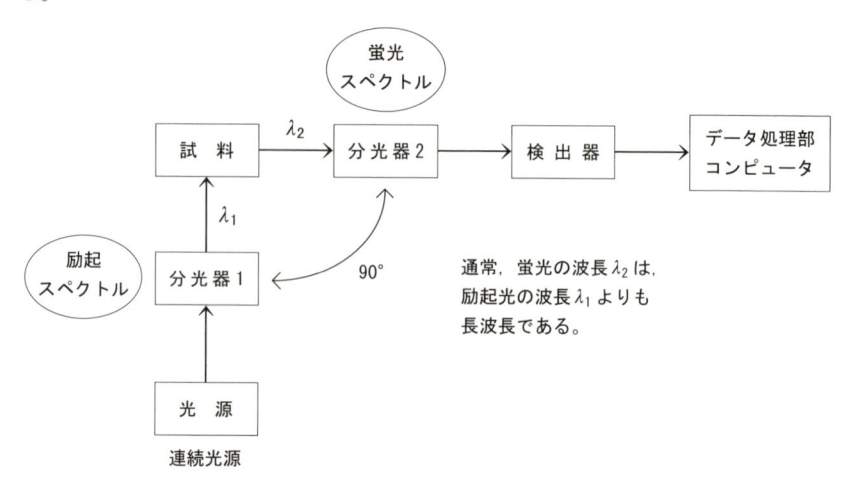

```
                    蛍光
                  スペクトル

                      λ₂
  試 料  ────→  分光器2  ────→  検出器  ────→  データ処理部
                    ↑                            コンピュータ
                  λ₁│
   励起           │      90°       通常，蛍光の波長 λ₂ は，
 スペクトル ──  分光器1 ←           励起光の波長 λ₁ よりも
                    ↑              長波長である。
                    │
                  光 源
                 連続光源
```

外部光源を試料に照射し，入射光と 90°をなす方向より蛍光を測定する。
2つの分光器が必要である。

[λ_1 と λ_2 の決定方法]

まず，分光器2を任意の波長に設定し，分光器1の波長を掃引して励起スペクトルを測定する。次に，分光器1を最大蛍光を与える波長 λ_1 に固定して，分光器2の波長を掃引して蛍光スペクトルを測定する。分光器2を最大蛍光を与える波長 λ_2 に固定する。

6-2　試料濃度と蛍光強度との関係

(1) 蛍光強度の式

$$I = I_0 \times 10^{-klc}$$

透過光 ↑

｜試　料｜→　$F = \phi (I_0 - I)$
　　　　　　　　　$= \phi I_0 (1 - 10^{-klc})$

入射光 ↑　90°

I_0

試料は光を吸収した後，吸収したエネルギーの一部を蛍光として発する。

　　ϕ：蛍光量子効率　$(0 < \phi < 1)$

klc が小さい時 蛍光強度 (fluorescence intensity) F は

$$F = 2.303\, \phi\, I_0\, klc$$

$$\left(\begin{array}{l} \because\ 10^{-x} = e^{-2.303x} \\ \text{テーラー展開} \\ = 1 - 2.303\,x + (2.303\,x)^2/2! - (2.303\,x)^3/3! + \cdots\cdots \\ x\ \text{が小さい時}\ x^2\ \text{以降は無視できる。} \\ \fallingdotseq 1 - 2.303\,x \end{array} \right)$$

低濃度の時には，蛍光強度は試料の濃度に比例する。また，入射光の強度 I_0 にも比例する。

(2) 蛍光分光分析の手順

励起の分光器の波長を λ_1 に，蛍光の分光器の波長を λ_2 に固定して，まず，濃度のわかった標準溶液の蛍光強度を測定する。x 軸に濃度，y 軸に蛍光強度をとり，検量線を求める。未知試料の蛍光強度を測定して未知試料の濃度を求める。

6-3 散乱，蛍光，それにリン光

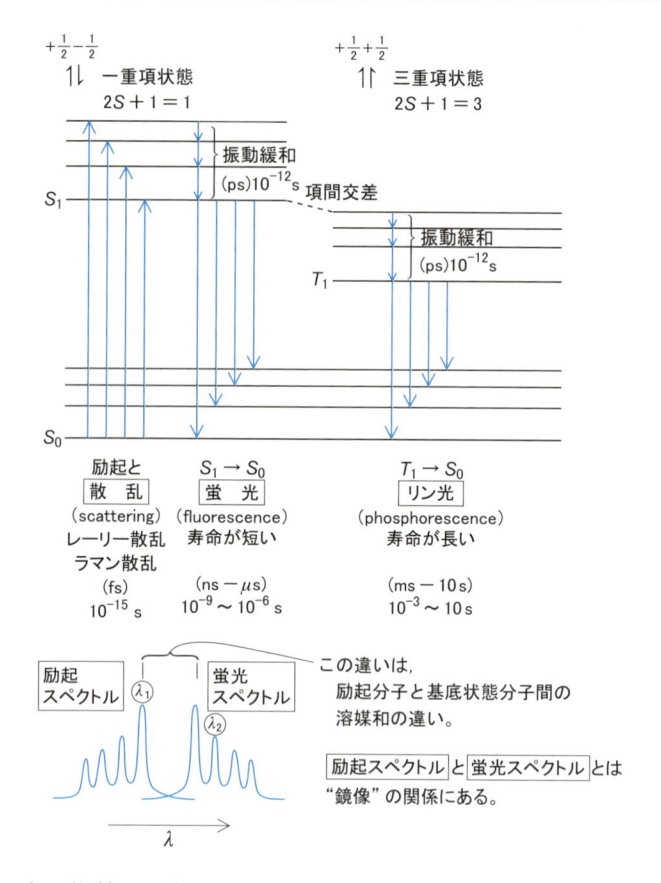

$+\frac{1}{2}-\frac{1}{2}$ ↑↓ 一重項状態 $2S+1=1$

$+\frac{1}{2}+\frac{1}{2}$ ↑↑ 三重項状態 $2S+1=3$

振動緩和 (ps)10^{-12}s 項間交差

S_1

振動緩和 (ps)10^{-12}s

T_1

S_0

励起と散乱	$S_1 \rightarrow S_0$ 蛍光	$T_1 \rightarrow S_0$ リン光
(scattering)	(fluorescence)	(phosphorescence)
レーリー散乱 ラマン散乱	寿命が短い	寿命が長い
(fs)	(ns－μs)	(ms－10s)
10^{-15} s	$10^{-9} \sim 10^{-6}$ s	$10^{-3} \sim 10$ s

励起スペクトル λ_1　蛍光スペクトル λ_2

この違いは，励起分子と基底状態分子間の溶媒和の違い。

励起スペクトル と 蛍光スペクトル とは "鏡像"の関係にある。

$\lambda \longrightarrow$

　蛍光を発する物質は，紫外・可視の光を吸収する物質で，しかも蛍光量子効率の高い物質でなくてはならない。

蛍光分光分析が吸収分析と比べて高感度である理由
① 蛍光分光分析では，バックグラウンドがゼロであり，そのバックグラウンドの上に蛍光が検出される。一方，吸光分析では，入射光と透過光の差を測定してその減少分を検出する。——蛍光分光分析では，蛍光信号強度を増幅してS/Nをかせぐことができる。
② 蛍光分光分析では，外部光源の強度を強くすれば強くするだけ大きな蛍

光信号を得ることができる。一方，吸光分析では外部光源の強度を強くしても吸光度は大きくならない。——蛍光分光分析では，外部光源にレーザーのような強い光源を用いることにより感度を高めることができる。

[パルスレーザー励起時間分解蛍光法]

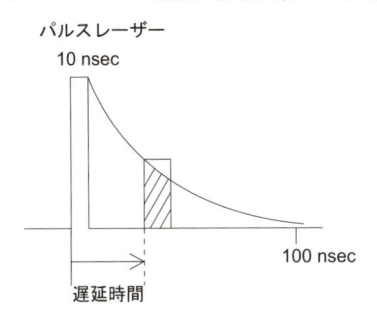

パルスレーザー（パルス幅 10 nsec）を試料に照射し，寿命の長い（〜 100 nsec）蛍光を遅延時間を設けて測定すると，高感度分析が可能となる。

6-4　蛍光を発する物質

① 強い蛍光を発する物質は限られている。しかし，蛍光を発する物質を蛍光分光分析法で測定することにより高感度に測定することができる。
・芳香族化合物，多環芳香族化合物（PAH），ビタミン K，プリン，ヌクレオシド，ベンゾ[a]ピレン
・複素芳香族化合物
・共役二重結合をもつ化合物
　ビタミン A
② 化合物が非蛍光体の時，蛍光性誘導体に変えて，蛍光分光分析法で高感度に測定することができる。

参考

ベンゾ(a)ピレン：低温の燃焼によって生成される多環芳香族化合物。発ガン性物質である。1本のタバコより 5 ng の B(a)P が生成される。

B(a)P

励起光　$\lambda_1 = 363.0$ nm

蛍光　　$\lambda_2 = 403.0$ nm

天然水中に存在する B(a)P のバックグラウンド値を決定するのに，感度の最もすぐれたパルスレーザー励起時間分解蛍光法により，北海道の摩周湖湖水中の B(a)P を測定した。

摩周湖湖水中の B(a)P の濃度は，0.0007 ppt（ng/L）であり，世界中最も低い値であった（バックグラウンド値）。この値と比べ，湖水が人為的に汚染されているか，またどれくらい汚染されているかを判断することができる。

参考文献

　　Naoki Furuta and Akira Otsuki, *Anal. Chem.,* **55** (14), 2407-2413 (1983).

設問 6.1　何故，蛍光分光分析は，吸光分析と比べて高感度なのか。

　解　本文中に記述されている。

設問 6.2　蛍光を発する物質を述べよ。

　解　本文中に記述されている。

7 原子発光分析

目標

吸光，蛍光，発光の3つの分光分析法の内，発光を利用した原子発光分析を学ぶ。

7-1　3つの分光分析法

(1) 吸　光（absorption）　　　　吸光光度法

I_0 ─→ [試料] ─→ I　　　　（第3章）
光源

(2) 蛍　光（fluorescence）　　　蛍光分光分析

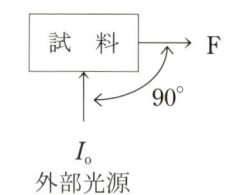

[試料] ─→ F　　　　　　　　（第6章）
　↑ 90°
I_0
外部光源

(3) 発　光（emission）　　　　本章で学ぶ

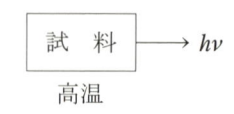

[試料] ─→ $h\nu$
高温

発光には外部光源がいらない。試料を高温にして，試料から発っせられる光を検出する。

7-2　原子発光分析

分子には，電子，振動，回転エネルギー準位をもつのに対し，原子には電子エネルギー準位しかないので，原子スペクトルは単純であり線幅は狭い。

(1) 装置の構成

紫外・可視領域の光（200 ～ 800 nm）を用いる。

[試料] → [分光器] → [検出器] → [データ処理部 コンピュータ]

高温で
試料を
原子化する。

① アーク・スパーク発光分析

主に固体試料を扱う。

粉末は電極のカップの中に入れ，金属の場合は，試料そのものを電極として高電圧をかける。

アーク　　直接アーク

スパーク　交流スパーク

元素ごとに多数の発光線がある。

波長校正のため Fe の発光線が使われる。主要な発光線 3 本を見て元素の定性ができる。分析のために用いられる線を分析線という。分析線の発光強度より元素の定量ができる。

② フレーム発光分析

溶液試料を扱う。

試料を噴霧器（ネブライザー）により霧の状態にしてフレームの中に導入する。

フレームは低いエネルギー源である。

（フレームの温度は 1600℃〜3000℃）

溶液試料のため標準溶液を作るのが容易。

分析波長が 400 nm 以上の長波長で励起エネルギーがわずかな場合，フレーム発光分析が用いられる。

　　　Na　　589.0 nm

　　　K　　 766.5 nm

　　　Li　　670.8 nm

③ ICP 発光分析

誘導結合プラズマ

　　（Inductively Coupled Plasma，ICP）

溶液試料を扱う。

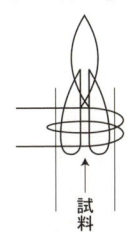

試料を噴霧器（ネブライザー）により霧の状態にして ICP の中に導入する。

ICP は高温のエネルギー源である。

（ICP の温度は 7000 〜 8000 K）

元素のほとんどは 1 価のイオンになっている。

1 価のイオンの発光線が特に強く発光する。

溶液試料のため標準溶液を作るのが容易。

ICP の特性

- 高温である。7000 〜 8000 K
- 電子密度が高い。10^{15} 個/cm^3
  （フレームの電子密度は 10^9 個/cm^3）
- プラズマがドーナツ構造をしている。
  （霧状になった試料はその中心を通り抜ける際に励起される。）
- プラズマ中で試料の滞在時間が長い。
  （約 3 msec）
- アルゴン雰囲気中で励起される。

⇓

ICP 発光分析の利点

- イオン化干渉や化学干渉が少ない。
- ダイナミックレンジが広く高感度
  （6 桁のダイナミックレンジ）（1 桁 ppb の検出下限）
- 同一条件のもとで，多元素同時分析が可能である。

ICP は
- 耐火性化合物を作りやすい元素の分析
  （B，Al，Ti，V，Mo，W など）
- 励起が困難な元素の分析
  （Zn 213.9 nm，Cd 228.8 nm）

に適している。

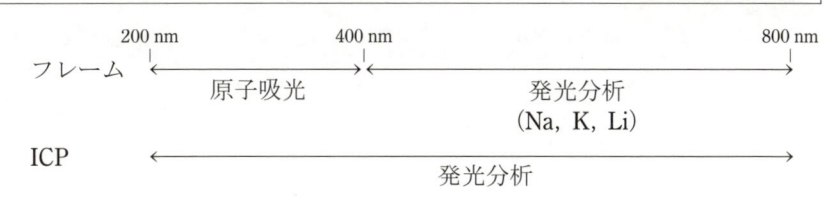

```
               200 nm          400 nm                          800 nm
フレーム    ←――――――→|←――――――――――――――――→
               原子吸光              発光分析
                                    (Na, K, Li)
ICP         ←―――――――――――――――――――→
                              発光分析
```

ICP は，高温であるため，すべての元素を励起することができる。しかし，分析波長が 400 nm 以上の長波長で，励起エネルギーがわずかな元素（Na, K, Li）に対しては，フレーム発光分析の方が感度が良い。

参 考

ICP の中でほとんどの元素が 1 価のイオンとなっているので，ICP 中で生成したイオンを質量分析計（mass spectrometer）で測定する ICP 質量分析法（Inductively Coupled Plasma-Mass Spectrometry, ICP-MS）が考案された。ICP 発光分析法（Inductively Coupled Plasma-Optical Emission Spectrometry, ICP-OES）の検出下限が 1 桁 ppb に対して ICP-MS の検出下限が 1 桁 ppt と 3 桁程度感度が良い。

ICP-MS も多元素同時分析が可能である。

さらに，ICP-MS では元素の同位体比測定ができる利点がある。

8 マックスウェル-ボルツマン分布則

目標

励起状態にある原子数 N_e と基底状態にある原子数 N_0 の比 N_e/N_0 を計算できるようにする。

8-1 原子のエネルギー準位とマックスウェル-ボルツマン分布則

原子には，振動・回転エネルギー準位がなく，電子エネルギー準位のみをもつ。そのため，発光および吸収の線幅が狭い。

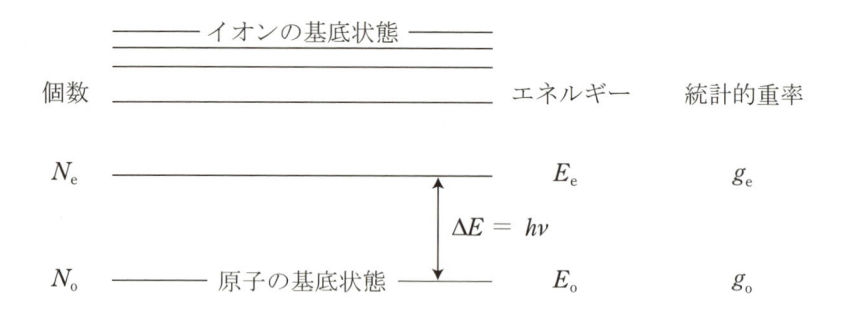

```
━━━━━━ イオンの基底状態 ━━━━━━
━━━━━━━━━━━━━━━━━━━━━━━━
━━━━━━━━━━━━━━━━━━━━━━━━
個数                                    エネルギー    統計的重率

$N_e$  ─────────────────────   $E_e$        $g_e$
                        ↕ $\Delta E = h\nu$
$N_o$  ──── 原子の基底状態 ────   $E_o$        $g_o$
```

添え字の o と e はそれぞれ基底状態と励起状態を表わす。

$\Delta E = E_e - E_o$

基底状態と励起状態の原子数はマックスウェル-ボルツマン分布則（Maxwell and Boltzman's distribution law）に従う。

$$\boxed{\frac{N_e}{N_o} = \frac{g_e}{g_o} \exp\left(-\frac{\Delta E}{kT}\right)} \tag{1}$$

ここで，

k：ボルツマン定数

1.3805×10^{-16} erg・K^{-1} = 1.3805×10^{-23} J・K^{-1}

T：絶対温度

g：統計的重率

（エネルギー準位がどれほど縮重しているかを表す。）

マックスウェル-ボルツマン分布則は，電子エネルギー準位ばかりでなく，振動・回転エネルギー準位にもあてはまる一般的な分布則である。

ΔE が大きくなると N_e/N_o は指数関数的に小さくなり，T が大きくなると N_e/N_o は指数関数的に大きくなる。

8-2 原子エネルギー準位を表す項 (term)

$$N \quad {}^{M}L_{J}$$

N：電子配置（付表2参照）

L：軌道角運動量の量子数

    S (sharp) ——— $L = 0$
    P (principal) ——— $L = 1$
    D (diffuse) ——— $L = 2$
    F (fundamental) —— $L = 3$

M：多重度（スピン-軌道相互作用でわかれるエネルギー準位の数。$L = 0$ の時には分かれない。）

    2S + 1（Sはスピン角運動量の量子数）

電子数	可能な多重度
1	2重
2	1, 3
3	2, 4
4	1, 3, 5
5	2, 4, 6
6	1, 3, 5, 7
7	2, 4, 6, 8
8	1, 3, 5, 7, 9

J：スピン-軌道相互作用

    ラッセル-サンダーズ結合（Russell-Saunders coupling）

    LS 結合

    L + S から L-S まで1つずつ小さくなる値。

    ただし，負にはならない。

g：統計的重率（エネルギー準位がどれほど縮重しているかを表す。電子が入る席の数がいくつあるかを表すと考えればよい。）

    $2J + 1$

Na を例にとって考えてみよう。

 Na の原子番号 11
 Na の電子配置 $1s^2\,2s^2\,2p^6\,3s^1 = (Ne)\,3s^1$（付表 2 参照）

電子エネルギー準位は外殻電子の励起 $3s^1$ の電子が励起され，基底状態に戻る際に光を発する。これが原子発光である。

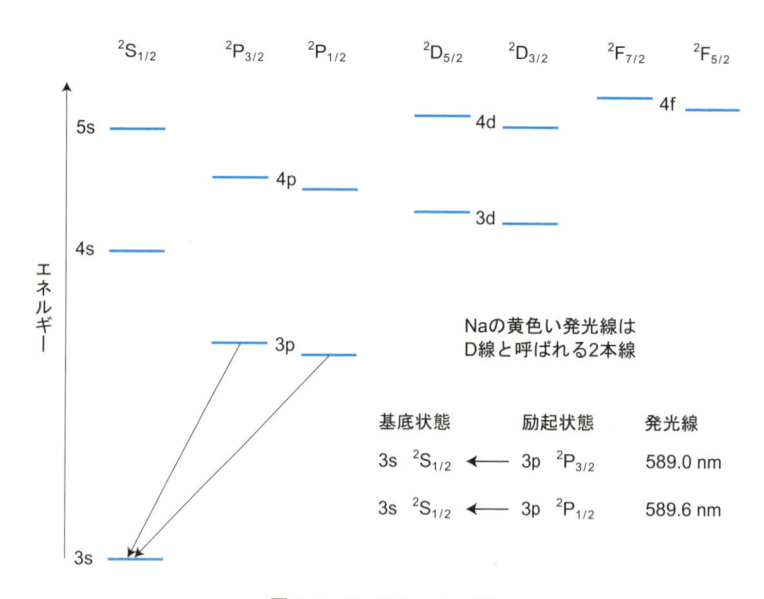

図 8-1 Na の Grotrian 図

（Grotrian 図とは，Dr. W. Grotrian が元素ごとに固有のエネルギー準位をまとめた図である（1928 年）。）

8-3 原子発光強度

原子発光強度（atomic emission intensity）は，励起状態の原子数に比例する。

$$I = \frac{1}{4\pi} N_e \cdot A_{e \to o} \cdot h\nu \quad [単位：\mathrm{erg \cdot s^{-1} \cdot cm^{-3} \cdot ster^{-1}}] \tag{2}$$

 N_e：励起状態の原子数。単位 $\mathrm{cm^{-3}}$
 $A_{e \to o}$：励起状態 e から基底状態 0 への遷移確率。励起状態 e の寿命の逆数に等しい。単位 $\mathrm{sec^{-1}}$
 $h\nu$：1 光子のエネルギー。単位 erg

$\dfrac{1}{4\pi}$：立体角。単位 ster^{-1}（ステラジアン）

(2) 式にマックスウェル-ボルツマン分布則を代入すると

$$I = \frac{1}{4\pi} N_0 \frac{g_e}{g_o} A_{e \to o} \cdot h\nu \cdot \exp\left(-\frac{\Delta E}{kT}\right) \quad (3)$$

発光光源の温度が一定であれば，原子発光強度は，基底状態の原子数に比例する。

設問 8.1 Na の 589.00 nm （$3s\ ^2S_{1/2} \longleftarrow 3p\ ^2P_{3/2}$），
Ca の 422.67 nm （$4s^2\ ^1S_0 \longleftarrow 4p\ ^1P_1$），
Cd の 228.80 nm （$5s^2\ ^1S_0 \longleftarrow 5p\ ^1P_1$），
Zn の 213.86 nm （$4s^2\ ^1S_0 \longleftarrow 4p\ ^1P_1$）

について，温度が 2000 K, 4000 K, 6000 K, 8000 K と変化した時の励起状態と基底状態にある原子の比 N_e/N_o を求めよ。

解

マックスウェル-ボルツマン分布則

$$\frac{N_e}{N_o} = \frac{g_e}{g_o} \exp\left(-\frac{\Delta E}{kT}\right)$$

Na 589.00 nm に対して，

$$\Delta E = h\nu = h\frac{c}{\lambda} = \frac{(6.6256 \times 10^{-34}) \times (3.00 \times 10^8)}{589.00 \times 10^{-9}}$$

$$= 3.3747 \times 10^{-19}\ \text{Joule}$$

$$(2.106\ \text{eV})$$

$$g_e = 2J + 1 = 2 \times \frac{3}{2} + 1 = 4$$

$$g_o = 2J + 1 = 2 \times \frac{1}{2} + 1 = 2$$

$$\frac{N_e}{N_0} = \frac{4}{2} \exp\left(-\frac{3.3747 \times 10^{-19}}{(1.3805 \times 10^{-23}) \times T}\right)$$

$T = 2000\ \text{K}$ で，9.86×10^{-6}

$T = 4000\ \text{K}$ で，4.44×10^{-3}

$T = 6000$ K で, 3.40×10^{-2}

$T = 8000$ K で, 9.42×10^{-2}

Ca 422.67 nm に対して,

$$\Delta E = h\nu = h\frac{c}{\lambda} = \frac{(6.6256 \times 10^{-34}) \times (3.00 \times 10^8)}{422.67 \times 10^{-9}}$$

$$= 4.7027 \times 10^{-19} \text{ Joule}$$

$$(2.935 \text{ eV})$$

$g_e = 2J + 1 = 2 \times 1 + 1 = 3$

$g_o = 2J + 1 = 2 \times 0 + 1 = 1$

$$\frac{N_e}{N_o} = \frac{3}{1} \exp\left(-\frac{4.7027 \times 10^{-19}}{(1.3805 \times 10^{-23}) \times T}\right)$$

$T = 2000$ K で, 1.21×10^{-7}

$T = 4000$ K で, 6.01×10^{-4}

$T = 6000$ K で, 1.02×10^{-2}

$T = 8000$ K で, 4.25×10^{-2}

Cd 228.80 nm に対して,

$$\Delta E = h\nu = h\frac{c}{\lambda} = \frac{(6.6256 \times 10^{-34}) \times (3.00 \times 10^8)}{228.80 \times 10^{-9}}$$

$$= 8.687 \times 10^{-19} \text{ Joule}$$

$$(5.422 \text{ eV})$$

$g_e = 2J + 1 = 2 \times 1 + 1 = 3$

$g_o = 2J + 1 = 2 \times 0 + 1 = 1$

$$\frac{N_e}{N_o} = \frac{3}{1} \exp\left(-\frac{8.687 \times 10^{-19}}{(1.3805 \times 10^{-23}) \times T}\right)$$

$T = 2000$ K で, 6.52×10^{-14}

$T = 4000$ K で, 4.42×10^{-7}

$T = 6000$ K で, 8.36×10^{-5}

$T = 8000$ K で, 1.15×10^{-3}

Zn 213.86 nm に対して,

$$\Delta E = h\nu = h\frac{c}{\lambda} = \frac{(6.6256 \times 10^{-34}) \times (3.00 \times 10^8)}{213.86 \times 10^{-9}}$$

$$= 9.2943 \times 10^{-19} \text{ Joule}$$

$$(5.801 \text{ eV})$$

$g_e = 2J + 1 = 2 \times 1 + 1 = 3$

$g_o = 2J + 1 = 2 \times 0 + 1 = 1$

$T = 2000$ K で, 7.20×10^{-15}

$T = 4000$ K で, 1.47×10^{-7}

$T = 6000$ K で, 4.02×10^{-5}

$T = 8000$ K で, 6.64×10^{-4}

まとめると,

元素 （発光線）	N_e/N_o			
	2000 K	4000 K	6000 K	8000 K
Na (589.00 nm)	9.86×10^{-6}	4.44×10^{-3}	3.40×10^{-2}	9.42×10^{-2}
Ca (422.67 nm)	1.21×10^{-7}	6.01×10^{-4}	1.02×10^{-2}	4.25×10^{-2}
Cd (228.80 nm)	6.52×10^{-14}	4.42×10^{-7}	8.36×10^{-5}	1.15×10^{-3}
Zn (213.86 nm)	7.22×10^{-15}	1.47×10^{-7}	4.02×10^{-5}	6.64×10^{-4}

Na, Ca, Cd, Zn と ΔE が大きくなると, N_e/N_o は指数関数的に小さくなり, 2000 K, 4000 K, 6000 K, 8000 K と T が大きくなると, N_e/N_o は指数関数的に大きくなる。

⑨ フレーム原子吸光分析

目標

フレーム原子吸光分析装置の構成について学ぶ。

フレーム原子吸光分析における4つの干渉とその対策について学ぶ。

9-1 装置の構成

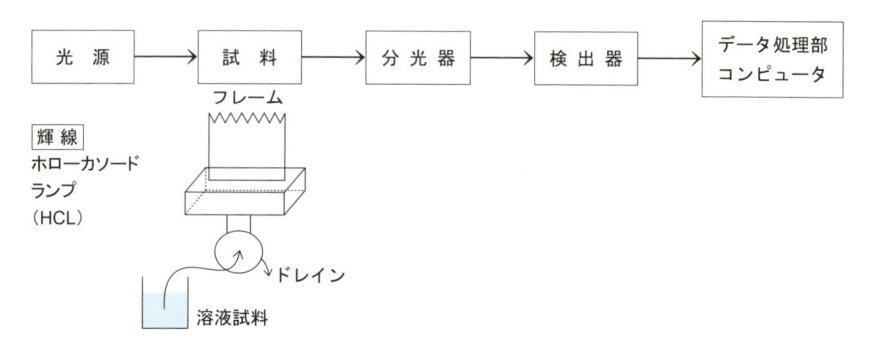

[光源] → [試料] → [分光器] → [検出器] → [データ処理部 コンピュータ]

輝線
ホローカソードランプ（HCL）
フレーム
ドレイン
溶液試料

第5章の紫外・可視分光光度計の装置の構成と比べ，分光器の位置が異なっているのに注意。

分光器を試料と検出器の間にもってくる理由。
① 光源の線幅が狭く分光する必要がない。
② フレームによるバックグラウンド発光を除くため。

9-2 フレーム原子吸光分析（flame atomic absorption）

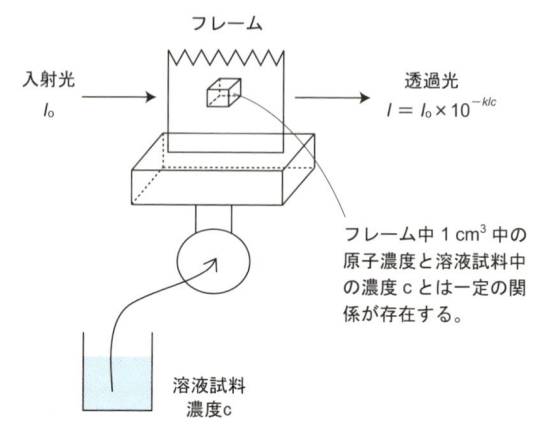

入射光 I_0
透過光 $I = I_0 \times 10^{-klc}$
フレーム
フレーム中 $1\,cm^3$ 中の原子濃度と溶液試料中の濃度 c とは一定の関係が存在する。
溶液試料 濃度 c

ランベルト-ベールの法則が成り立つ。

吸光度 $\quad A = -\log \dfrac{I}{I_0} = k\,l\,c$

（フレーム中の原子濃度は，溶液中の分析種の濃度と一定の関係が存在する。）

9-3 光源

第5章の紫外・可視分光光度計では**連続光源**を用いていたのに対し，フレーム原子吸光分析装置では**輝線**を用いている点が大きく異なる。

フレーム中での原子の吸収線幅は 0.001 nm から 0.01 nm である。したがって鋭い線スペクトルの光源が必要である。

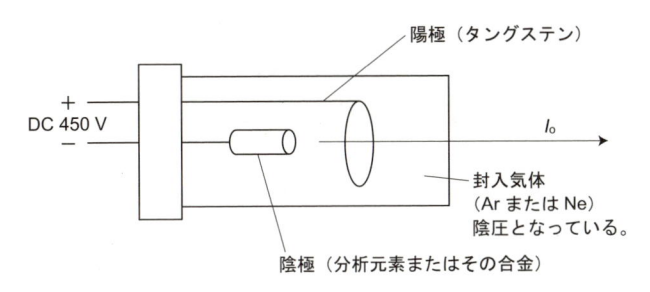

図 9-1 中空陰極ランプの概略図

中空陰極ランプ（hollow cathode lamp，HCL）が光源として用いられている。封入されている Ar または Ne は放電によりイオン化され，生成した Ar^+ または Ne^+ は加速され陰極と衝突する。スパッタリングにより陰極の金属をたたき出して気化させる。気化した金属蒸気は，Ar^+ または Ne^+ それに電子（e^-）と衝突して励起される。HCL から発せられる光の線幅は 0.001 nm 以下である。

9-4 フレーム

空気（助燃ガス）-アセチレン（燃料）がよく用いられる（温度 2300 ℃）。

高温フレームとしては，酸化二窒素（助燃ガス）-アセチレン（燃料）が用いられる（温度 3000 ℃）。試料導入効率は 10% 以下である。

9-5 干渉とその対策

分析値が真値（true value）からずれる原因を干渉（interference）という。干渉は，9-2 節で述べた，溶液試料濃度とフレーム中 1 cm^3 の原子濃度の一定の関係が，標準溶液と未知試料とで異なることによって起こる。

(1) 物理干渉

未知試料がケチャップのように粘度が標準溶液と異なることにより，試料の

フレームへの導入効率が異なることによって起こる干渉である。

［対応策］

未知試料と標準溶液に一定濃度の内標準元素（internal standard）を加えておき，分析目的元素と内標準元素との信号強度比を測定して定量する（**内標準法**，internal standard method）。

注意：内標準元素としては，

① 分析目的元素と似た挙動を示す元素

② 未知試料中に含まれていない元素を選ばなければならない。

(2) 化学干渉

フレーム中で未知試料中に共存する元素と難解離性の化合物が生成し，原子化率が変化することによって起こる干渉である。

［対応策］

・Ca を分析する場合，未知試料中にリン酸が共存すると難解離性の化合物 $Ca_2P_2O_7$（ピロリン酸カルシウム）が生成してしまう。そこで，Ca よりもリン酸と結合しやすい Sr や La の高濃度溶液を添加したり，EDTA の高濃度溶液を添加して対処する。

・B，Al，Ti，V，Mo，W などの耐火性化合物を作りやすい元素を分析する場合，アセチレン燃料を過剰にして還元炎を利用したり酸化二窒素-アセチレンフレームなどのような高温フレーム（3000 ℃）を用いることにより耐火性化合物が生成できないようにする。フレームよりも高温な ICP を用いて ICP 発光分析を行うのもよい。

・未知試料に既知濃度の分析目的元素を添加して信号の増加分から添加前の分析目的元素の濃度を求める（**標準添加法**，standard addition method）。

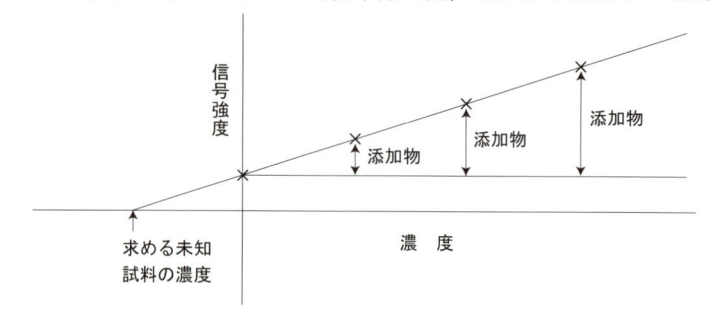

(3) イオン化干渉

未知試料中に Na や K などのイオン化しやすい元素が共存すると，目的とする元素のイオン化が抑制されて元素の感度が変化する。

［対応策］
- 検量線用溶液と未知試料に，Rb や Cs などのよりイオン化しやすい元素を過剰に加えておく。
- 検量線用溶液に共存元素を加えておく（マトリックスマッチング）。
- 標準添加法を用いる。

(4) 分光干渉

未知試料に Na や K などのアルカリ金属塩や Mg や Ca などのアルカリ土類金属塩が共存すると，フレーム中で生成される分子による幅広い分子吸収によりベースラインがかさ上げされる。

［対応策］
- 重水素放電管（D_2 ランプ）などの連続光源を用いて同一波長でのバックグラウンド吸収を測定して差し引く。

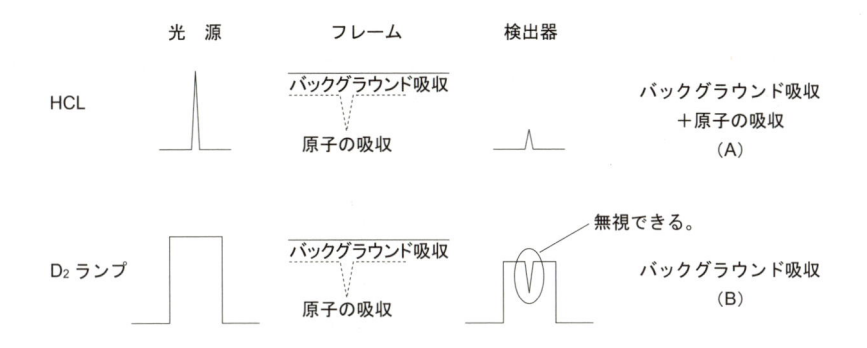

	光 源	フレーム	検出器	
HCL	∧	バックグラウンド吸収／原子の吸収	∧	バックグラウンド吸収＋原子の吸収 (A)
D_2 ランプ	⊓	バックグラウンド吸収／原子の吸収	⊔（無視できる。）	バックグラウンド吸収 (B)

HCL と D_2 ランプにより交互に吸収を測定し(A)−(B)をすることによりバックグラウンド吸収を補正する。

設問 9.1 フレーム原子吸光分析装置では，紫外・可視分光光度計とは違って，分光器を試料と検出器の間に置く理由を述べよ。

解 本文中で記述されている。

設問 9.2 フレーム原子吸光分析法における4つの干渉を挙げ、その対策法を述べよ。

解 本文中で記述されている。

10 X 線

> **目標**

X線の励起現象について学ぶ。

10-1 X 線

　X線（X-ray）の波長は 0.01 ～ 10 nm の範囲であり，オングストローム（Å）で表すと 0.1 ～ 100 Å になる。

　この波長は，結晶構造の原子間距離に等しい。

　真溶液の小さな分子，イオンの大きさが 0.1 nm であるのに対し，コロイド粒子は 1 ～ 100 nm と大きい。

10-2 特性X線と連続X線

　X線を物質に照射すると内殻電子の励起が起きる。

　内殻電子の遷移：高エネルギーのX線，電子，または粒子を照射することにより内殻電子をはじき飛ばす。空になった軌道に，L殻からK殻，M殻からK殻に遷移する時に K_α 線と K_β 線が発せられ，M殻からL殻，N殻からL殻に遷移する時に L_α 線と L_β 線が発せられる。これら K_α, K_β, L_α, L_β 線は元素固有の波長をもち特性X線と呼ばれる。

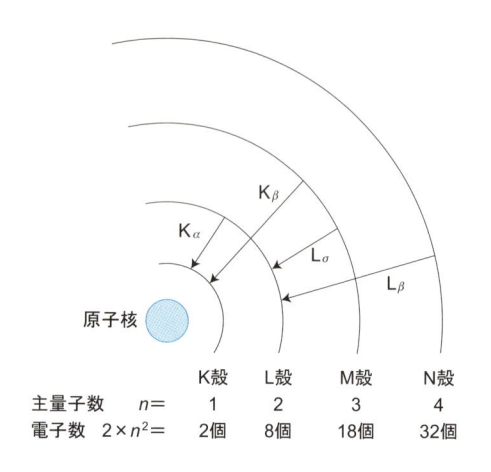

	K殻	L殻	M殻	N殻
主量子数 $n=$	1	2	3	4
電子数 $2 \times n^2 =$	2個	8個	18個	32個

特性 X 線（characteristic X-ray）
連続 X 線（continuous X-ray）

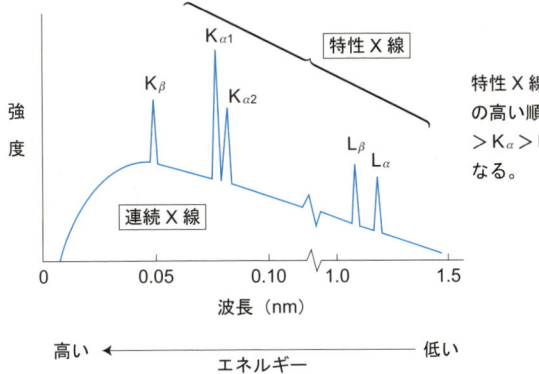

特性 X 線をエネルギーの高い順に並べると $K_\beta > K_\alpha > L_\beta > L_\alpha$ の順になる。

(1) 特性 X 線

特性 X 線は元素固有の波長をもつ。

モーズレーの法則（Moseley's law）

$$\nu = \frac{c}{\lambda} = a(Z - \sigma)^2 \tag{1}$$

ここで，a：比例定数
Z：原子番号
σ：K 殻，L 殻……によって決まる定数

原子番号が大きくなるにつれて，
　　特性 X 線の振動数 ν は大きくなる。
　　特性 X 線の波長は小さくなる。

(2) 連続 X 線

電子が減速する時発する X 線。
制動放射＝制動輻射

10-3　X 線 管

フィラメント（陰極）から発生した熱電子は，陰極と陽極との間に印加された電圧によって加速され陽極に衝突する。陽極より X 線が発生する。陽極（ターゲット）に Mo を用いた X 線管の X 線スペクトルを図 10-1 に示す。

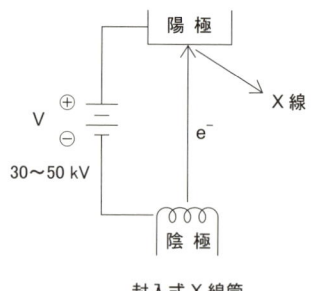

封入式 X 線管

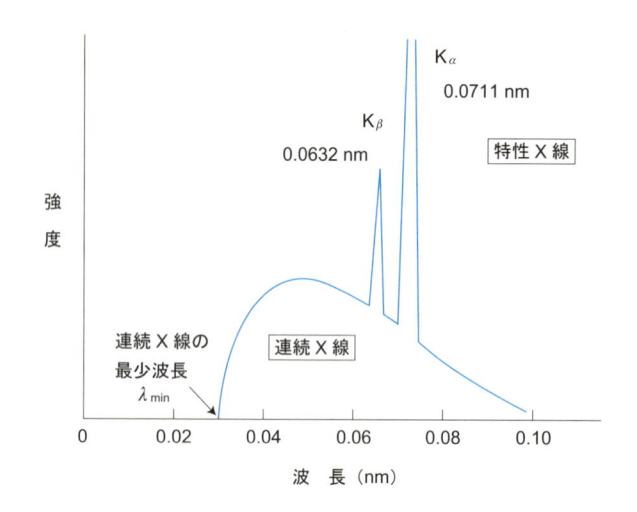

図 10-1　モリブデンターゲットを用いた X 線管の X 線スペクトル

ジルコニウムフィルターを用いて，Mo K_α (0.0711 nm) のみを取り出すことができる。

波長 (nm) とエネルギー (keV) の変換

X線を表すのに波長 (nm) の代わりにエネルギー (keV) で表すことがある。

$$E = h\nu = h\frac{c}{\lambda}$$

$h = 6.626176 \times 10^{-34}$ Joule·sec
$c = 2.99792458 \times 10^8$ m·sec^{-1}
1eV $= 1.6021892 \times 10^{-19}$ Joule

定数を代入すると,

$$E\,(\text{keV}) = \frac{1.23985}{\lambda\,(\text{nm})}$$

となる。

連続X線の最少波長は,印加した電圧を V (kV) とすると

$$\lambda_{\min}\,(\text{nm}) = \frac{1.23985}{V\,(\text{keV})}$$

30 kV の時

$$\lambda_{\min}\,(\text{nm}) = \frac{1.23985}{30} = 0.0413\,\text{nm}$$

50 kV の時

$$\lambda_{\min}\,(\text{nm}) = \frac{1.23985}{50} = 0.0248\,\text{nm}$$

Mo の K_α 線は

$$\frac{1.23985}{0.0711\,\text{nm}} = 17.441\,\text{keV}$$

Mo の K_β 線は

$$\frac{1.23985}{0.0632\,\text{nm}} = 19.605\,\text{keV}$$

(11章の表 11-1 参照)

10-4　X線検出器

(1) ガスイオン化検出器

　金属性の円筒の陰極と，その中心軸に張られた細い線の陽極とからなり，その中に気体（N_2, Ar などの不活性気体）を封入し，電極間に高電圧を印加する。

　X線が気体中を通過した時に生成される電子と陽イオンのイオン対を計数する。

　陽極に印加する電圧が大きくなる順に，イオン電離箱，比例計数管，ガイガーミュラー計数管（GM計数管）と呼ばれる検出器がある。

(2) シンチレーション検出器

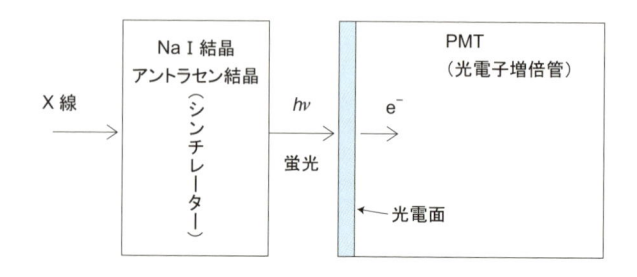

```
X線 → | NaI結晶
        アントラセン結晶
        （シンチレーター） | hν
                            蛍光 → | PMT
                                    （光電子増倍管）
                                    e⁻
                                    ← 光電面 |
```

　X線をNaI結晶やアントラセン結晶などの蛍光物質（シンチレーター）にあてて蛍光を発生させる。発生した蛍光（紫外・可視光）をPMT（光電子増倍管）で計測する。

(3) 半導体検出器

半導体検出器（Solid State Detector, SSD）

Si (Li) 型 SSD

リチウムをドープした半導体検出器

n型半導体とp型半導体からなる固体にバイアス電圧をかける。

　X線が入射した時に生成される電子と空孔（これは正電荷をもった粒子として働くので正孔と呼ばれる）による電流パルスが検出される。電流パルスの大きさより，X線のエネルギー分布を計測することができる。

　　注意：Si (Li) 型 SSD は常に液体窒素温度（77K）に冷却しておかねばならない。

11 蛍光X線・X線回折・X線吸収

> **目標**
>
> X線を用いた分光分析として，蛍光X線・X線回折・X線吸収によりどのような情報が得られるかを学ぶ。

11-1　X線分光分析

(1) 蛍光X線分析（X-ray fluorescence spectrometry）
試料に高エネルギーのX線を照射した時に発せられる蛍光X線を測定する。

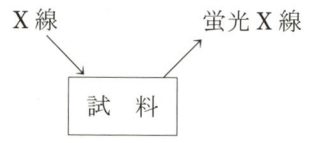

```
X線 ↘     ↗ 蛍光X線
   ┌──────┐
   │ 試 料 │
   └──────┘
```

得られる情報：元素の定性・定量

(2) X線回折分析（X-ray diffraction spectrometry）
試料にX線を照射し，照射した波長と同じ波長の回折X線を測定する。

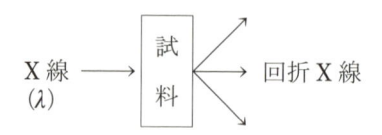

```
X線 ──→ │試料│ ──→ 回折X線
 (λ)
```

得られる情報：結晶構造と分子構造

(3) X線吸収分析（X-ray absorption spectrometry）
いろいろな波長の（異なるエネルギーをもつ）X線を試料に照射し，透過するX線スペクトルを測定する。

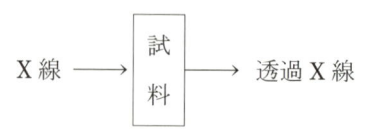

```
X線 ──→ │試料│ ──→ 透過X線
```

得られる情報：原子の周りの構造と電子状態

11-2　蛍光X線分析

試料にX線を照射した時に発せられる蛍光X線を測定する方法に，波長分散法とエネルギー分散法の2つがある。

(1) 波長分散型蛍光X線装置（Wavelength-Dispersive X-ray Fluorescence, WDXRF）
X線の波長を測定する。
回折格子により光を分光したように分光結晶によりX線を分光する。

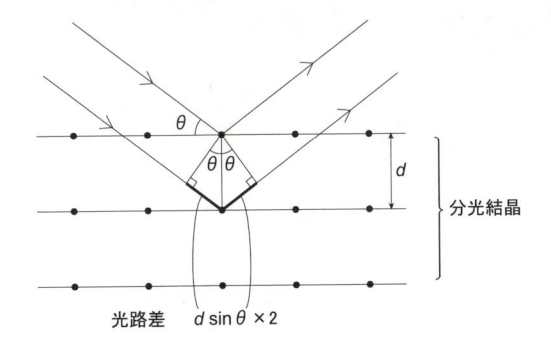

ここで, d：面間隔
　　　　θ：入射角またはブラッグ角
　　　　2θ：散乱角

ブラッグ（Bragg）の式　　強め合う条件

$$2d \sin \theta = n\lambda$$

光路差 $2d \sin \theta$ が波長の整数倍の時強め合う。

d が正確にわかった分光結晶を用いて，分光結晶を回転させて入射角 θ を変化させる。それに合わせて検出器の位置も変化させ，2θ の方向でX線を検出する。

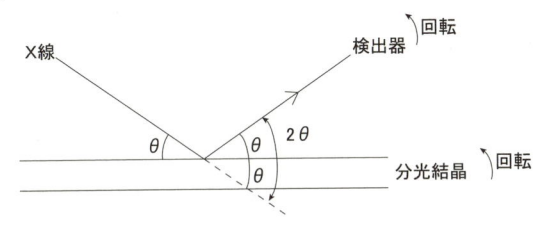

検出器にはガスイオン化検出器またはシンチレーション検出器が用いられる。

表11-1に，各元素から発せられる特性X線の波長（K_α，K_β，L_α，L_β）がまとめてある。

試料にX線を照射（X線管の陰極には，W，Pt，Rh，Mo などの原子番号の大きな元素を用い，エネルギーの高いX線を照射）した時に発せられる蛍光X線（特性X線）の波長を測定すれば試料中にどのような元素があるかを同

表11-1 各元素から発せられる特性X線の波長（単位 keV）

単位:keV, 波長[nm]=1.23985/エネルギー[keV]

	1(1A)	2(2A)	3(3A)	4(4A)	5(5A)	6(6A)	7(7A)	8(8A)	9(8)	10(8)	11(1B)	12(2B)	13(3B)	14(4B)	15(5B)	16(6B)	17(7B)	18(0)
	H 1	Be 4											B 5	C 6	N 7	O 8	F 9	He 2
K_{α}		0.054											0.183	0.277	0.392	0.525	0.677	
	Li 3																	Ne 10
K_{α}	0.054																	0.848
	Na 11	Mg 12											Al 13	Si 14	P 15	S 16	Cl 17	Ar 18
K_{α}	1.041	1.253											1.486	1.739	2.013	2.307	2.621	2.957
K_{β_1}	1.067	1.295											1.553	1.829	2.136	2.464	2.815	3.190
	K 19	Ca 20	Sc 21	Ti 22	V 23	Cr 24	Mn 25	Fe 26	Co 27	Ni 28	Cu 29	Zn 30	Ga 31	Ge 32	As 33	Se 34	Br 35	Kr 36
K_{α}	3.312	3.690	4.088	4.508	4.949	5.411	5.946	6.398	6.924	7.471	8.040	8.630	9.241	9.874	10.530	11.207	11.907	12.631
K_{β_1}	3.589	4.012	4.460	4.931	5.426	5.946	6.489	7.057	7.648	8.263	8.904	9.570	10.263	10.980	11.724	12.494	13.289	14.110
L_{α}		0.341	0.395	0.452	0.511	0.573	0.637	0.705	0.776	0.851	0.930	1.012	1.098	1.188	1.282	1.379	1.480	1.586
	Rb 37	Sr 38	Y 39	Zr 40	Nb 41	Mo 42	Tc 43	Ru 44	Rh 45	Pd 46	Ag 47	Cd 48	In 49	Sn 50	Sb 51	Te 52	I 53	Xe 54
K_{α}	13.373	14.140	14.931	15.744	16.581	17.441	18.325	19.233	20.165	21.121	22.101	23.106	24.136	25.191	26.271	27.377	28.508	29.666
K_{β_1}	14.959	15.833	16.735	17.665	18.619	19.605	20.615	21.653	22.720	23.815	24.938	26.091	27.271	28.481	29.721	30.990	32.289	33.619
L_{α}	1.694	1.806	1.922	2.042	2.166	2.293	2.424	2.558	2.696	2.838	2.984	3.133	3.286	3.443	3.604	3.769	3.937	4.109
	Cs 55	Ba 56	La* 57	Hf 72	Ta 73	W 74	Re 75	Os 76	Ir 77	Pt 78	Au 79	Hg 80	Tl 81	Pb 82	Bi 83	Po 84	At 85	Rn 86
K_{α}	30.968	32.188	33.436	55.781	57.523	59.308	61.130	62.990	64.885	66.821	68.792	70.807	72.859	74.956	77.095	79.279	81.499	83.768
K_{β_1}	34.958	36.347	37.768	63.138	65.121	67.135	69.193	71.289	73.429	75.608	77.836	80.096	82.409	84.760	87.158	89.598	92.094	94.643
L_{α_1}	4.286	4.465	4.650	7.898	8.145	8.396	8.651	8.910	9.174	9.441	9.712	9.987	10.267	10.550	10.837	11.129	11.425	11.725
L_{β_1}	4.619	4.827	5.041	9.021	9.342	9.671	10.008	10.354	10.706	11.069	11.440	11.821	12.211	12.612	13.021	13.445	13.874	14.313
M_{α}			0.833	1.644	1.709	1.774	1.842	1.914	1.978	2.048	2.121	2.195	2.268	2.342	2.419			
	Fr 87	Ra 88	Ac** 89										Tb 65	Dy 66	Ho 67	Er 68	Tm 69	Yb 70	Lu 71
K_{α}	86.089	88.454	90.868										44.474	45.991	47.539	49.119	50.733	52.380	54.061
K_{β_1}	97.237	99.880	102.58										50.323	52.056	53.813	55.610	57.435	59.284	61.194
L_{α_1}	12.029	12.338	12.650										6.272	6.494	6.719	6.947	7.179	7.414	7.654
L_{β_1}													6.977	7.246	7.524	7.809	8.100	8.400	8.708
M_{α}													1.240	1.293	1.347	1.405	1.462	1.521	1.581

*La 系列

	Ce 58	Pr 59	Nd 60	Pm 61	Sm 62	Eu 63	Gd 64
K_{α}	34.714	36.020	37.355	38.718	40.111	41.535	42.989
$K_{\beta_{1,3}}$	39.222	40.709	42.229	43.780	45.364	46.985	48.641
L_{β_1}	4.839	5.033	5.229	5.432	5.635	5.845	6.056
L_{α_1}	5.261	5.488	5.721	5.960	6.204	6.455	6.712
M_{α}	0.883	0.929	0.978		1.081	1.131	1.185

**Ac 系列

	Th 90	Pa 91	U 92
K_{α_1}	93.334	95.852	98.422
$K_{\beta_{1,3}}$	105.23	108.13	110.98
L_{β_1}	12.967	13.288	13.612
L_{α_1}	16.199	16.699	17.217
M_{α}	2.991	3.077	3.165

新表記法との対応：
$K_{\alpha}\ \rightarrow\ K\text{-}L_{2,3}$　　$L_{\alpha_1}\ \rightarrow\ K_3\text{-}M_5$
$K_{\alpha_1}\ \rightarrow\ K\text{-}L_3$　　$L_{\beta_1}\ \rightarrow\ L_2\text{-}M_4$
$K_{\beta_1}\ \rightarrow\ K\text{-}M_3$　　$M_{\alpha}\ \rightarrow\ M_5\text{-}N_{6,7}$
$K_{\beta_{1,3}}\ \rightarrow\ K\text{-}M_{2,3}$

定でき，さらに発せられる蛍光X線強度を測定することにより元素を定量することができる．

(2) エネルギー分散型蛍光X線装置（Energy-Dispersive X-ray Fluorescence, EDXRF）

試料にX線を照射した時に発せられる蛍光X線（特性X線）のエネルギーを測定して試料中の元素の定性・定量を行う．

検出器には，半導体検出器が用いられる．

EDXRF の利点と欠点

［利　点］
・EDXRF では，元素から発せられる蛍光X線のエネルギーを測定しているので，多元素同時分析が可能である．
・WDXRF と比べ迅速に分析ができる．

［欠　点］
・Ne より小さな原子番号の元素（原子番号 5 〜 10 の元素）から発せられる蛍光X線のエネルギーは小さいので，EDXRF で測定できない．この場合には WDXRF を用いなければならない．

XRF の検出下限と精度

・XRF は固体試料の元素分析に適している．
・WDXRF の検出下限は数 10 ppm．
・EDXRF の検出下限は 1 桁 ppm．
・XRF の精度は 10% 程度．

参　考

固体試料中の元素分析を行う際，固体試料に酸分解などの前処理を施し，一端溶液にして ICP-OES や ICP-MS で測定した方が検出下限も精度も良くなる．しかし，その反面前処理に時間がかかるので，多数の試料を迅速に測定したい場合には XRF の方が有利になる．

設問 11.1　ある純金属の蛍光X線を LiF 分光結晶（$d = 2.01$ Å）で分光した所，$2\theta = 69.34°$ に鋭いピークが観測された．この金属は何か．

解　$\theta = 34.67°$

$d = 2.01$ Å $= 2.01 \times 10^{-8}$ cm

$$= 2.01 \times 10^{-10} \text{m}$$
$$= 0.201 \times 10^{-9} \text{m} = 0.201 \text{ nm}$$
$$2d \sin \theta = n\lambda$$
$$2 \times 0.201 \times \sin 34.67° = 2 \times 0.201 \times 0.5688$$
$$= 0.2287 \text{ nm}$$

$$\frac{1.23985}{\text{波長 (nm)}} = \text{エネルギー (keV)}$$

$$\frac{1.23985}{0.2287} = 5.421 \text{ keV}$$

表 11-1 の軽金属の K_α と重金属の L_α を見て金属は Cr だといえる。

11-3 X線回折分析

(1) 粉末X線回折

粉末試料を回転させてブラッグ角 θ を変化させる。それに合わせて検出器の位置を変化させ 2θ の方向でX線を検出する。

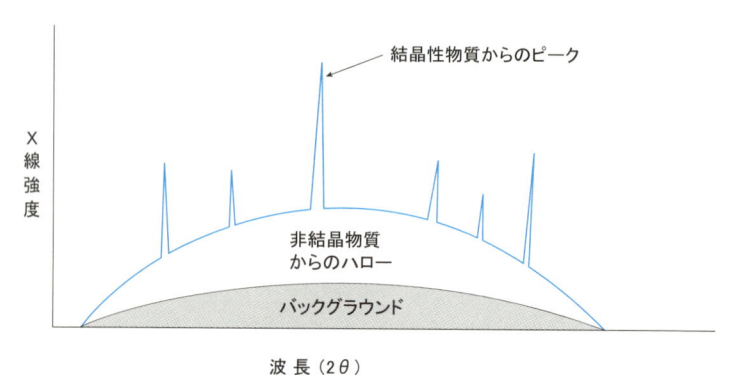

図 11-1　粉末のX線回折パターン

波長依存性のピークは規則正しい格子面による回折パターンであり結晶性物質の存在を表す。

波長依存性のないハロー（halo［heilou］）は非結晶性物質の存在を表す。

結晶化度
物質が，結晶性なのか非結晶性なのかその結晶化度を求めることができる。

結晶構造
試料に照射する X 線の波長 λ は既知であり固定している。例えば，Mo K_α 線 0.0711 nm。X 線回折パターンの結晶性物質からのピークが観測される θ より

ブラッグの式　　　$2d \sin\theta = n\lambda$

を用いて結晶格子面の間隔 d が求まる。

格子定数（lattice constant）
単位格子の稜の長さ $a, b, c,$

稜のなす角度 α, β, γ

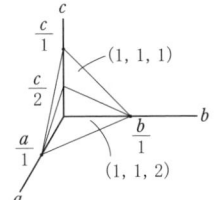

原点に最も近い格子面が 3 軸と交わる位置が $(\dfrac{a}{h}, \dfrac{b}{k}, \dfrac{c}{l})$ の時，**格子面** (h, k, l) と定義する。

(2) 単結晶構造解析
無機および有機化合物の分子構造を求めることができる。

タンパク質（分子量：3万〜5万）の構造解析に広く応用されている。これまでに 200 個ほどのタンパク質の構造が決定されている。

よい結晶を得るのが難しい。しかし，単結晶が得られれば，単結晶 X 線構造解析は分子構造を決定する有力な手法である。

現在の所，タンパク質の構造解析に X 線回折と核磁気共鳴（NMR）はなくてはならない手法である。

単結晶構造解析の過程
ワイゼンベルグ法による回折 X 線強度より構造因子 $F(hkl)$ を求める。

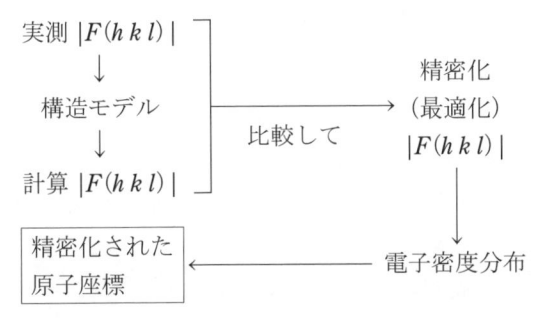

```
実測 |F(hkl)|
    ↓
構造モデル    ─比較して→    精密化
    ↓                      (最適化)
計算 |F(hkl)|               |F(hkl)|
                              ↓
精密化された    ←────────    電子密度分布
原子座標
```

11-4　X線吸収分析

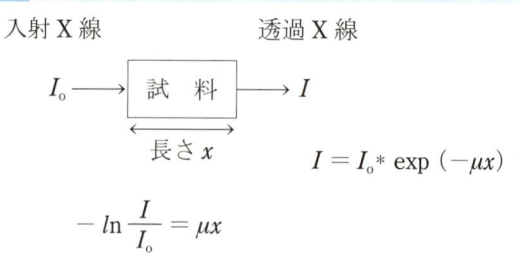

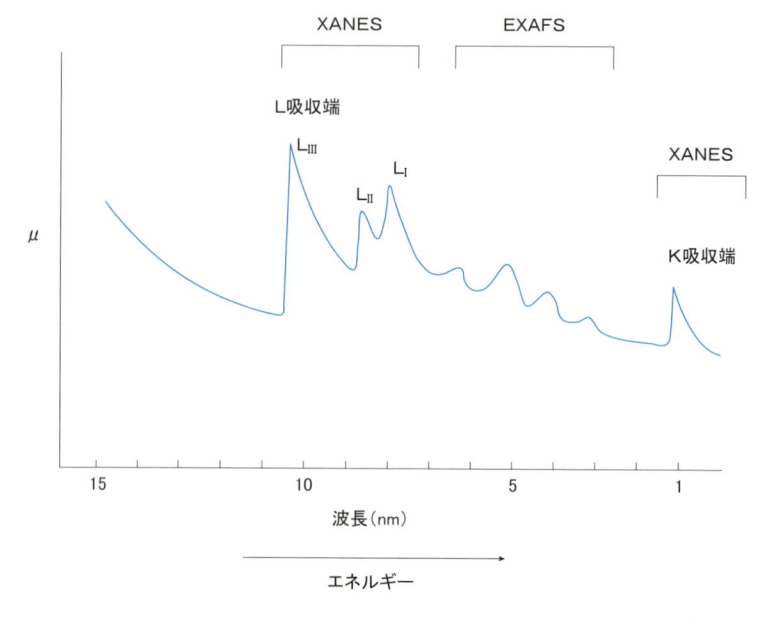

入射X線　　　　　透過X線

$I_o \longrightarrow$ 試　料 $\longrightarrow I$

長さ x

$$I = I_o * \exp(-\mu x)$$

$$-\ln \frac{I}{I_o} = \mu x$$

μ：質量吸収係数

$$\text{エネルギー (keV)} = \frac{1.24}{\lambda \text{ (nm)}}$$

　入射X線のエネルギーを徐々に上げていくと，L殻の電子をたたき出すエネルギーの所でL吸収端の吸収が観測される。さらにエネルギーを上げていくと，K殻の電子をたたき出すエネルギーの所でK吸収端の吸収が観測される。

　L吸収端のエッジ付近の吸収を解析するのが XANES（ザーネス）（X-ray Absorption Near-Edge Structure）

　L吸収端から十分離れた領域の吸収を解析するのが EXAFS（エグザフス）(Extented X-ray Absorption Fine Structure)

(1) XANES（ザーネス）

吸収端付近ではたたき出された電子（光電子）のエネルギーは小さい。

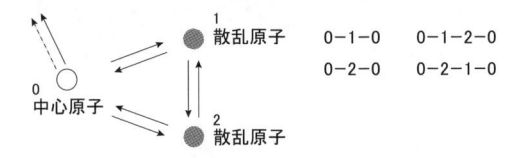

```
        1
        ● 散乱原子      0-1-0     0-1-2-0
   ↗  ⇄
  0            ↕          0-2-0     0-2-1-0
  ○ 中心原子  ⇄
        ● 散乱原子
        2
```

直接波と多重散乱波との干渉 ⇒ 結合の電子状態

(2) EXAFS（エグザフス）

光電子のエネルギーは大きい。

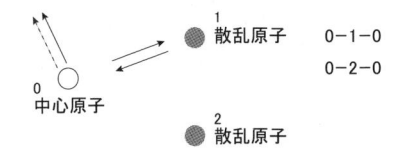

```
        1
        ● 散乱原子      0-1-0
   ↗  ⇄
  0                        0-2-0
  ○ 中心原子
        ● 散乱原子
        2
```

直接波と1～2回散乱波との干渉

周期 ⇒ 中心原子と散乱原子との間の距離

振幅の大きさや形 ⇒ 散乱原子の種類や個数

12 磁気共鳴分析

目標

磁気共鳴分析の原理を学ぶ。

磁場中に置かれた磁気モーメントのエネルギー準位とエネルギー準位間の差に相当する電磁波の吸収。

12-1 磁気共鳴 (magnetic resonance)

物質を磁場の中に置くと，物質中の原子核および電子のスピンの向きよりエネルギーが異なる新たなるエネルギー準位が生じる。

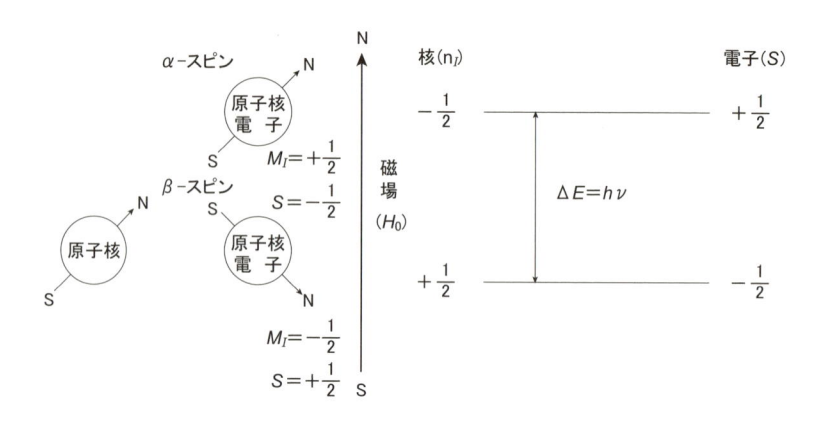

原子核スピンを利用するのが

核磁気共鳴 (Nuclear Magnetic Resonance (NMR))

電子スピンを利用するのが

電子スピン共鳴 (Electron Spin Resonance (ESR))

外部磁場を強くするとエネルギー準位の差が大きくなる。

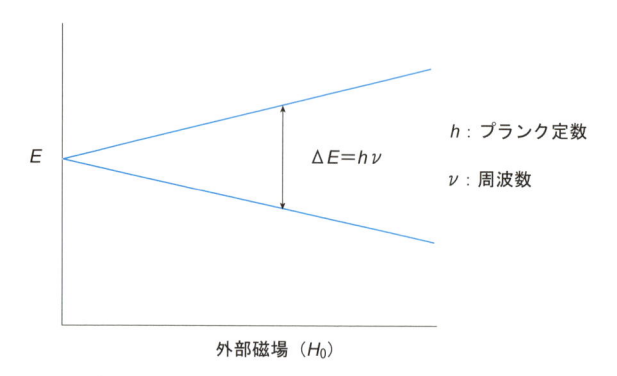

h：プランク定数
ν：周波数

$$\Delta E = h\nu = \frac{h\gamma}{2\pi}H_0$$

γ：磁気回転比（それぞれの原子核によって一定の値）

プロトン（^{1}H）の時

$\gamma = 2.6753 \times 10^4 \quad \text{radian sec}^{-1} \text{gauss}^{-1}$

炭素（^{13}C）の時

$\gamma = \dfrac{2.6753}{4} \times 10^4 \quad \text{radian sec}^{-1} \text{gauss}^{-1}$

プロトン（^{1}H）の外部磁場と吸収される電磁波の周波数および波長の関係

	磁場（1T＝1×10⁴G）		周波数（MHz）	波長（m）
	ガウス（G）	テスラ（T）		
電磁石	1.4×10^4	1.4	60	5
	2.35×10^4	2.35	100	3
超伝導磁石	6.3×10^4	6.3	270	1.1
	9.4×10^4	9.4	400	0.75
	1.2×10^5	11.7	500	0.6

核スピン（nuclear spin）（I）（陽子数と中性子数によって決まる）

陽子数	中性子数	核スピン	例
偶	偶	0	^{12}C, ^{16}O
偶	奇	$\dfrac{1}{2}, \dfrac{3}{2}, \cdots\cdots$	^{13}C, ^{17}O
奇	偶	$\dfrac{1}{2}, \dfrac{3}{2}, \cdots\cdots$	^{1}H, ^{19}F
奇	奇	$1, 2, \cdots\cdots$	^{6}Li, ^{14}N

陽子と中性子とが共に偶数の場合は，核スピンを持たない。

表 12-1 核スピン (nuclear spin) を持つ原子核

原子核	陽子数	中性子数	核スピン	原子核	陽子数	中性子数	核スピン
^{1}H	1	0	1/2	^{59}Co	27	32	7/2
^{2}D	1	1	1	^{63}Cu	29	34	3/2
^{6}Li	3	3	1	^{65}Cu	29	36	3/2
^{7}Li	3	4	3/2	^{69}Ga	31	38	3/2
^{11}B	5	6	3/2	^{71}Ga	31	40	3/2
^{13}C	6	7	1/2	^{79}Br	35	44	3/2
^{14}N	7	7	1	^{81}Br	35	46	3/2
^{15}N	7	8	1/2	^{87}Rb	37	50	3/2
^{17}O	8	9	5/2	^{93}Nb	41	52	9/2
^{19}F	9	10	1/2	^{113}Cd	48	65	1/2
^{23}Na	11	12	3/2	^{115}Sn	50	65	1/2
^{27}Al	13	14	5/2	^{117}Sn	50	67	1/2
^{29}Si	14	15	1/2	^{119}Sn	50	69	1/2
^{31}P	15	16	1/2	^{121}Sb	51	70	5/2
^{33}S	16	17	3/2	^{129}Xe	54	75	1/2
^{35}Cl	17	18	3/2	^{141}Pr	59	82	5/2
^{37}Cl	17	20	3/2	^{151}Eu	63	88	5/2
^{39}K	19	20	3/2	^{185}Re	75	110	5/2
^{45}Sc	21	24	7/2	^{187}Re	75	112	5/2
^{51}V	23	28	7/2	^{203}Tl	81	122	1/2
^{55}Mn	25	30	5/2	^{205}Tl	81	124	1/2

12-2 磁気モーメントとエネルギー準位

核磁気モーメント（μ）（nuclear magnetic moment）

$$\boxed{\mu = \frac{h\gamma}{2\pi}I}$$

磁気量子数 M_I $(=-I, -I+1, \cdots\cdots, I-1, I)$

$\boxed{2I+1 \text{個}}$ のエネルギー状態がある。

$I = \dfrac{1}{2}$ の時　　^{1}H, ^{13}C

$2\left(\dfrac{1}{2}\right)+1 = 2$ 個のエネルギー状態がある。

外部磁場 H_0 の中の核のポテンシャルエネルギー

$$\boxed{E = -\mu H_0 = -\frac{h\gamma}{2\pi}IH_0}$$

H_0 ↑

　⊘　$M_I = \dfrac{1}{2}$ (α-スピン)　　$E = \dfrac{h\gamma}{2\pi}\left(\dfrac{1}{2}\right)H_0$

　　　　　　　　　　　　　　　　　　　$\Delta E = h\nu$

　⊘　$M_I = -\dfrac{1}{2}$ (β-スピン)　$E = -\dfrac{h\gamma}{2\pi}\left(\dfrac{1}{2}\right)H_0$

$$\Delta E = h\nu = \frac{h\gamma}{2\pi}IH_0$$

$I = 2$ の時

　$2I+1 = 2(2)+1 = 5$

　5つのエネルギー状態がある。

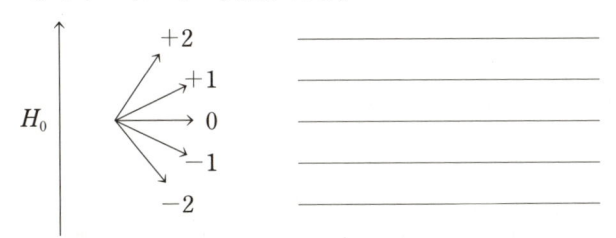

H_0 ↑
　　+2
　　+1
　　　0
　　－1
　　－2

13 核磁気共鳴分析（NMR）

目標

NMRによって得られる情報を学ぶ。

^1H や ^{13}C など核スピンを持つ化合物が対象となる。

13-1　^{1}H-NMR

(1) 化学シフト（δ）(chemical shift)

原子核が感じる磁場は，外部磁場（H_0）から電子による誘導磁場（H'）を差し引いた磁場となる。

$$H = H_0 - H'$$

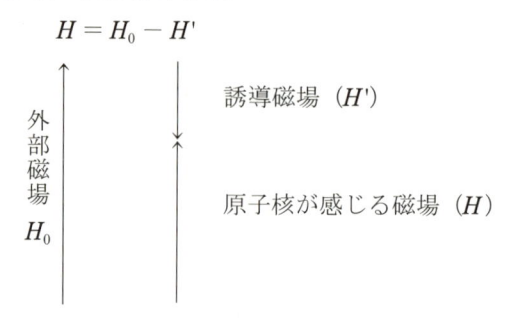

外部磁場 H_0 ｜ 誘導磁場（H'）
｜ 原子核が感じる磁場（H）

H' ＝電子による誘導磁場 ＝ 反磁性しゃへい

$$H = H_0 - H' = H_0(1 - \gamma)$$

γ ＝核のまわりの電子によるしゃへい効果
　　＝しゃへい定数

〔例〕CH_3CH_2OH（エタノール）の ^{1}H-NMR スペクトル

ν が一定の時

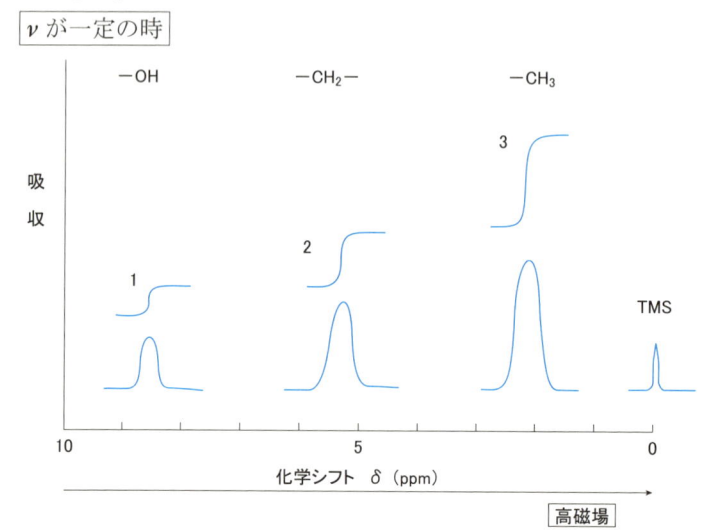

－OH　　　　－CH$_2$－　　　　－CH$_3$

吸収

3
2
1　　　　　　　　　　　　　　　　TMS

10　　　　　　　　5　　　　　　　　0
化学シフト δ （ppm）

高磁場

H_0 が一定の時

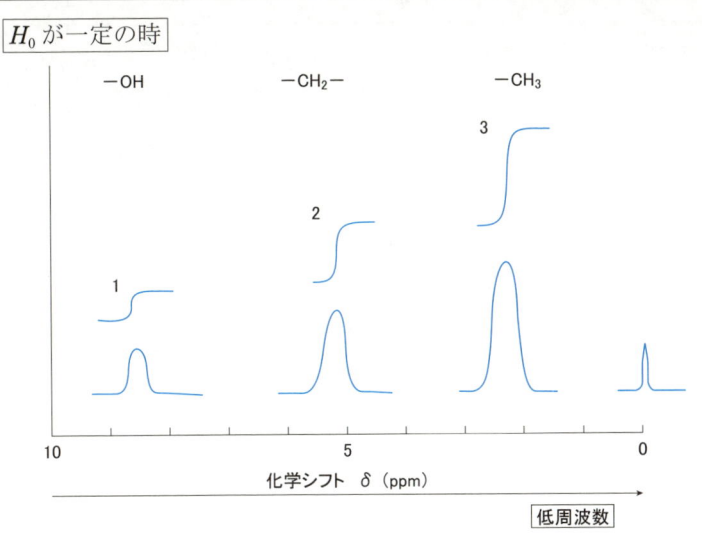

―OH　　　―CH$_2$―　　　―CH$_3$

$$\delta\,(\mathrm{ppm}) = \frac{(H_0)_r - (H_0)_s}{(H_0)_r} \times 10^6$$

$(H_0)_r$：基準物質中のプロトンが共鳴を起こすのに必要な外部磁場の強さ

$(H_0)_s$：試料中のプロトンが共鳴を起こすのに必要な外部磁場の強さ

$\delta\,(\mathrm{ppm})$：化学シフト

^{1}H の化学シフトは 0 〜 10 ppm

^{1}H-NMR 用基準物質

Si(CH$_3$)$_4$　テトラメチルシラン（TMS）

$\delta = 0$

C は Si よりも電気陰性度が高いので，TMS のメチル基は電子密度が高く，その為しゃへい効果が大きい。

ほとんどの官能基に比べると最も高磁場（ν が一定の時）に観測される。

図 13-1 に代表的な官能基の ^{1}H 化学シフトを示す。

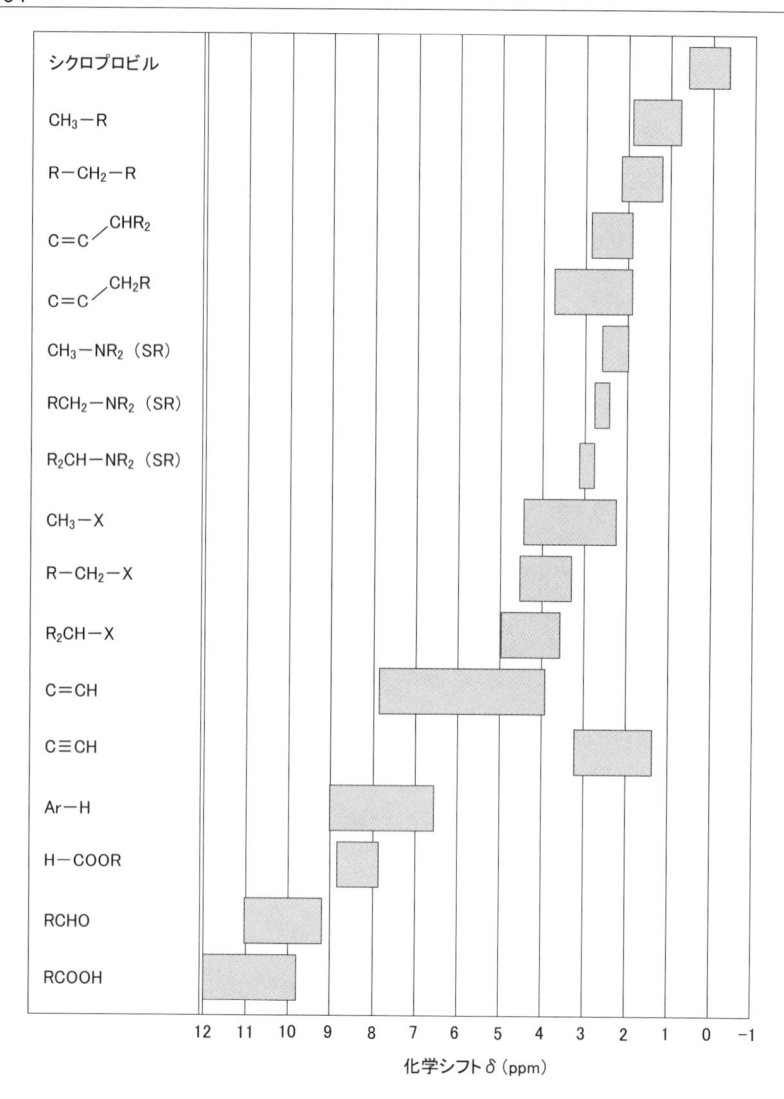

図 13-1　代表的な官能基の ^{1}H 化学シフト
X ＝ハロゲン，−OR，−NHCOR，−OCOR
R ＝アルキル基

(2) 面積強度 (integral intensity)

〔例〕 C₆H₅–CH₂–CH₃ の ¹H-NMR スペクトル

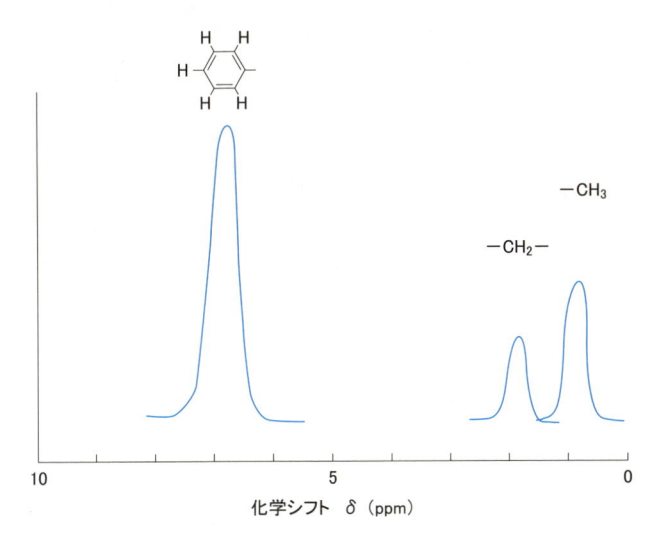

面積比はプロトン比になる。

面積比 = 5 : 2 : 3

(3) スピン-スピン相互作用 (J) (spin-spin interaction)

隣接する C に結合した H によって $n+1$ に分裂する。
J-カップリングという。

〔例〕 CH_3CH_2OH（エタノール）の ^1H-NMR スペクトル

高分解能 NMR スペクトルにすると J-カップリングが観測されるようになる。

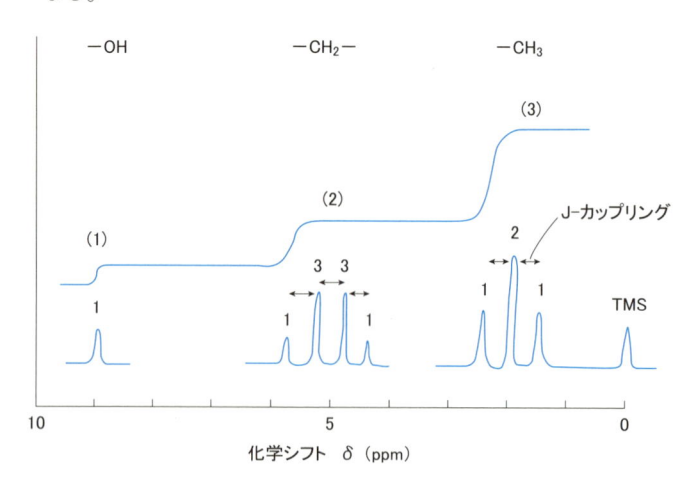

$-CH_3$ は隣接する C に結合した 2 つの H によって 3 本に分裂する。
$-CH_2-$ は隣接する C に結合した 3 つの H によって 4 本に分裂する。
面積強度比はプロトン比となり，1:2:3 になる。

スピン-スピン相互作用による ^1H-NMR のシグナルの分裂

隣接した炭素に結合したHの数	ピーク数（分裂数）	面積比
0	1本	1
1	2本	1 1
2	3本	1 2 1
3	4本	1 3 3 1
n	$(n+1)$本	

(4) 緩和時間 (T_1)（relaxation time）

磁場中に置いた物質に，物質と共鳴する周波数の電磁波をパルス的に照射する．

微視的な核スピン　　　　　　　巨視的な核スピン

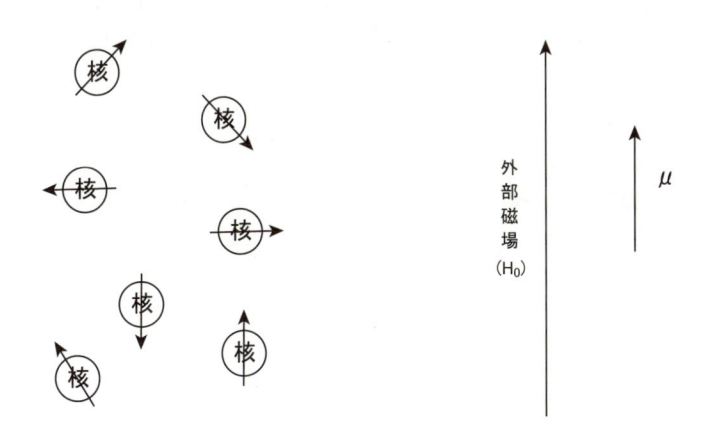

^{1}H と共鳴する周波数の電磁波をパルス的に照射すると巨視的な核スピンは外部磁場の回りで歳差運動をしながら元の状態に戻る．この元の状態に戻る時間が緩和時間（T_1）である．

フーリエ変換 NMR　FT-NMR（Fourier Transform NMR）

共鳴電磁波をパルス的に照射する．

$20 \sim 50 \mu$ sec

3 sec

その時観測される Free Induction Decay（FID）を積分してフーリエ変換（FT）すると

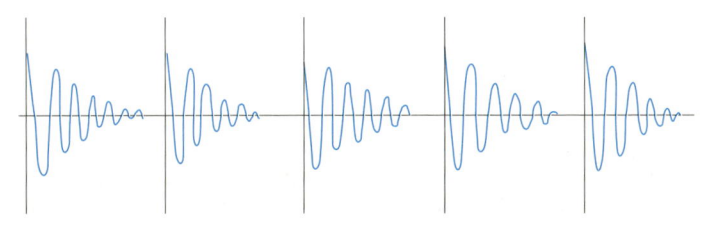

time domain から frequency domain に変換され NMR スペクトルが得られる。

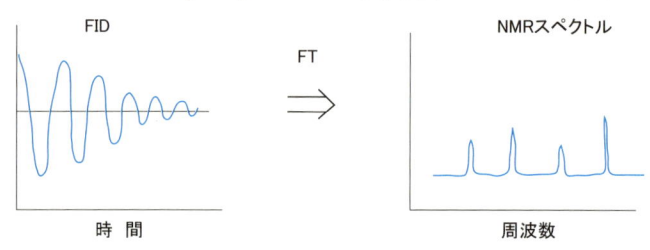

FID → FT → NMRスペクトル
時間 / 周波数

緩和時間（T_1）の測定方法

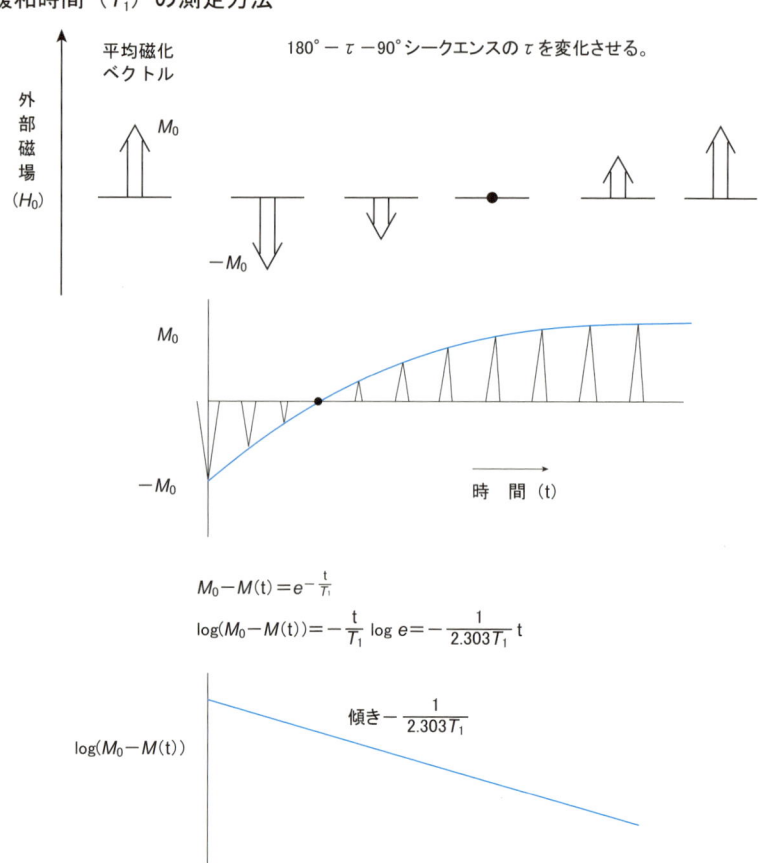

平均磁化ベクトル
外部磁場（H_0）
M_0, $-M_0$

$180° - \tau - 90°$ シークエンスの τ を変化させる。

時間 (t)

$$M_0 - M(t) = e^{-\frac{t}{T_1}}$$

$$\log(M_0 - M(t)) = -\frac{t}{T_1} \log e = -\frac{1}{2.303 T_1} t$$

$\log(M_0 - M(t))$

傾き $-\dfrac{1}{2.303 T_1}$

時 間 (t)

T_1：緩和時間（relaxation time）

ガン細胞中の水素原子は他の水素原子より T_1 が長い。

MRI（Magnetic Resonance Imaging）により緩和時間の 3 次元マッピングを得ることができる。

任意の断層写真を得ることができ，⇒ ガン細胞の診断ができる。

ガドリニウム（Gd）造影剤（常磁性物質）は緩和時間を短縮させ，コントラストを増強させる。

設問 13.1 下記の ^{1}H–NMR スペクトルは，分子式 C_3H_7Br をもつ化合物のものである。構造を解析せよ。

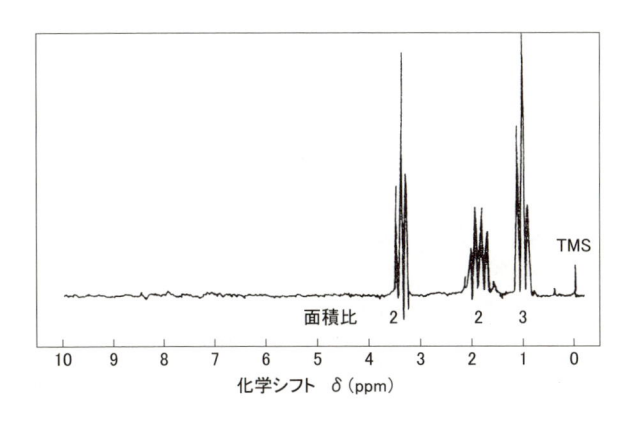

解 $Br-CH_2-CH_2-CH_3$

化学シフト 1.1 ppm の面積比 3 のピークが，CH_3 基のピークであり，となりの CH_2 による J–カップリングで 3 本に分裂している。

化学シフト 1.9 ppm の面積比 2 のピークが，CH_3 基に結合している CH_2 であり，となりの CH_3 基と CH_2 による J–カップリングで 6 本に分裂している。

化学シフト 3.3 ppm の面積比 2 のピークが，Br と結合している CH_2 であり，となりの CH_2 による J–カップリングで 3 本に分裂している。

設問 13.2 下記の ^{1}H-NMR スペクトルは，分子式 C_3H_7NO をもつ化合物のものである。構造を解析せよ。

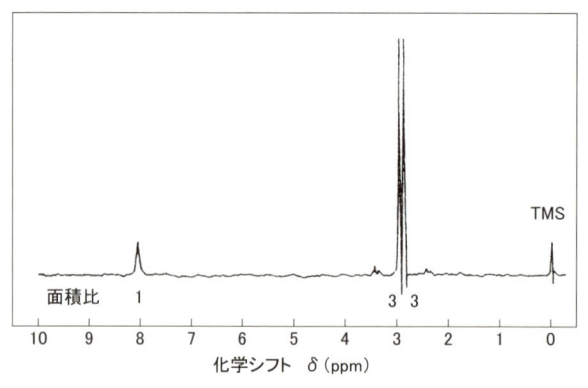

解

$$\underset{H-C-N-CH_3}{\overset{O\quad CH_3}{\underset{\|}{}\underset{|}{}}}$$

化学シフト 2.9 ppm の面積比 3 の 2 本のピークが，CH_3 基のピークであり，となりの CH による J-カップリングで 2 本に分裂している。

化学シフト 8 ppm の面積比 1 の 1 本のピークが，CHO 基のピークである。

13-2　^{13}C-NMR

^{13}C の γ（磁気回転比）は ^{1}H の $\dfrac{1}{4}$，^{13}C の核スピンは $\dfrac{1}{2}$ で ^{1}H と同じ

$$\Delta E = \dfrac{h\gamma}{2\pi} H_0$$

外部磁場 $H_0 = 23500$ G $= 2.35\ T$ で，共鳴周波数は ^{1}H で 100 MH, ^{13}C で 25.2 MHz となる。

^{1}H の天然同位体比が 99.99％であるのに対して ^{13}C の天然同位体比 1.1％と小さいので ^{13}C-NMR の測定時間は ^{1}H-NMR の測定時間より長くかかる。

（1）化学シフト（δ）(chemical shift)

$\delta = 0 \sim 220$ ppm

基準にはテトラメチルシラン（TMS）を用いる。

化学シフトの傾向は ^{1}H とよく似ている。

図 13-2 に代表的な官能基の ^{13}C 化学シフトを示す。

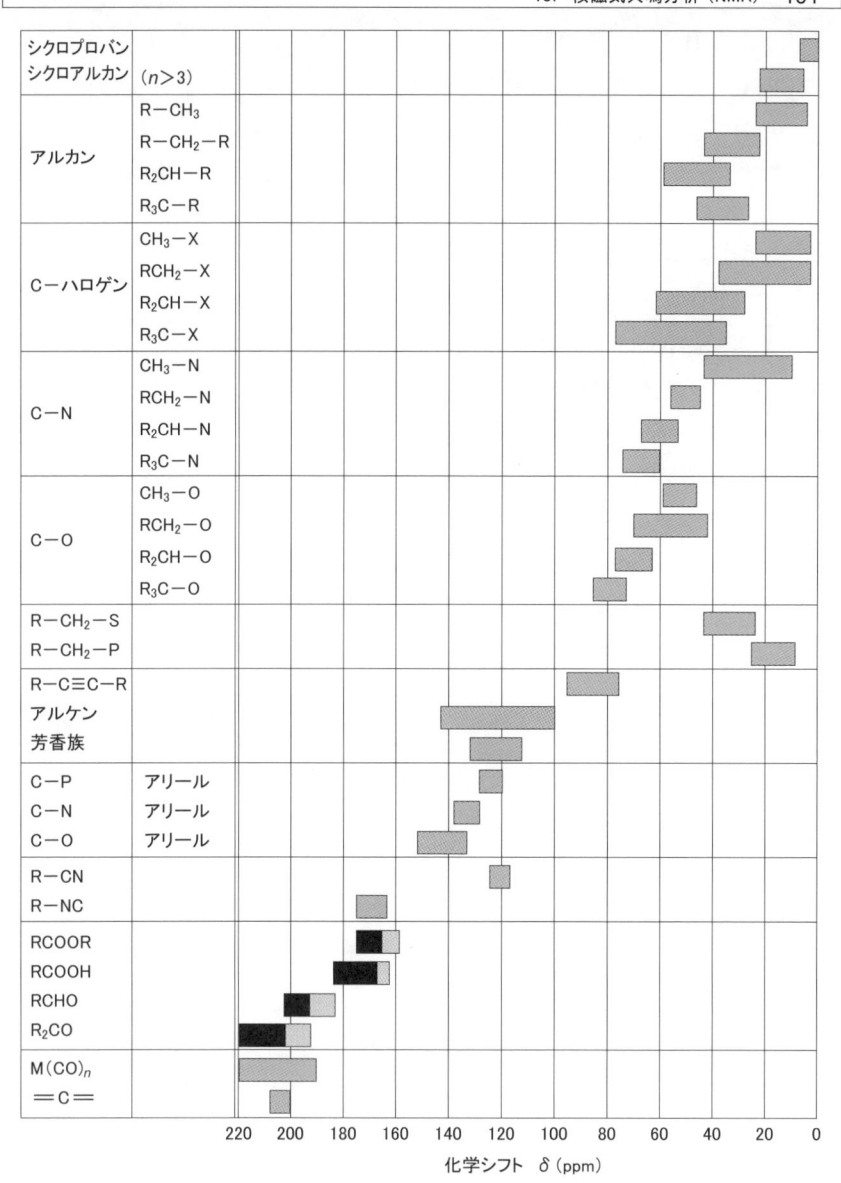

図 13-2　代表的な官能基の ^{13}C 化学シフト
R＝アルキル基，X＝ハロゲン
共役　　非共役

$$\text{Cl} - \overset{\overset{\displaystyle H}{|}}{\underset{\underset{\displaystyle H}{|}}{C^{\alpha}}} - \overset{\overset{\displaystyle H}{|}}{\underset{\underset{\displaystyle H}{|}}{C^{\beta}}} - \overset{\overset{\displaystyle H}{|}}{\underset{\underset{\displaystyle H}{|}}{C^{\gamma}}} - \overset{\overset{\displaystyle H}{|}}{\underset{\underset{\displaystyle H}{|}}{C}} - \overset{\overset{\displaystyle H}{|}}{\underset{\underset{\displaystyle H}{|}}{C}} - \text{H}$$

化学シフトに対する置換基効果は，^{1}H の場合とは異なり置換基が直接結合している炭素（$^{\alpha}$C）だけでなく，C^{β}，C^{γ} にも及ぶ．

　　C^{α} は 30.6 ppm 低磁場シフト

　　C^{β} は 10.0 ppm 低磁場シフト

　　C^{γ} は 5.3 ppm 高磁場シフト

(2) **スピン-スピン相互作用**（J）(spin-spin interaction)

・COM（complete proton decoupling）

通常の ^{13}C-NMR スペクトルは，^{13}C-^{1}H のスピン-スピン相互作用を完全に消滅させ（デカップリング）各 ^{13}C のシグナルは単一線として観測される．

・OFR（off-resonance）

^{13}C-^{1}H のスピン-スピン相互作用を故意に残す（オフリゾナンス）と，^{13}C に結合している ^{1}H の数によって（$n + 1$）本に分裂して観測される．

・COM と OFR によって測定した NMR

スペクトルを比較することにより，C に直接結合する H の数を明らかにすることができる．

設問 13.3 下記の ^{13}C-NMR スペクトルは，分子式 $C_7H_{12}O_4$ をもつ化合物のものである。構造を解析せよ。

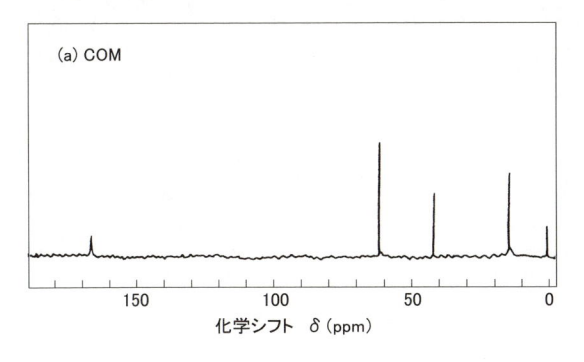

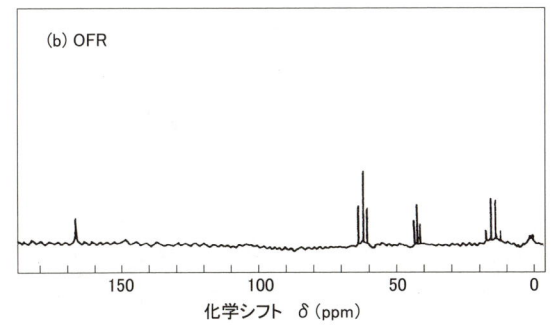

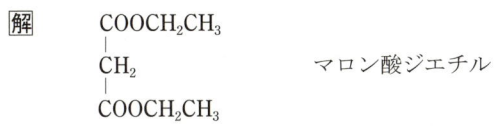

(a) COM

(b) OFR

化学シフト δ (ppm)

解
```
  COOCH₂CH₃
  |
  CH₂              マロン酸ジエチル
  |
  COOCH₂CH₃
```

$$\begin{array}{c} COOCH_2CH_3 \\ | \\ CH_2 \\ | \\ COOCH_2CH_3 \end{array} \quad \text{マロン酸ジエチル}$$

化学シフト 14 ppm のピークは，OFR が 4 本に分裂しているので CH_3 である。化学シフト 42 ppm と 61 ppm のピークは，CH_2 と $-O-CH_2$ のシグナルで OFR は 3 本に分裂している。

化学シフト 167 ppm のピークは，OFR が 1 本であり，H の結合していない C＝O によるシグナルである。

設問 13.4 下記の ^{13}C-NMR スペクトルは，分子式 $C_4H_8O_3N_2$ をもつ化合物のものである。構造を解析せよ。

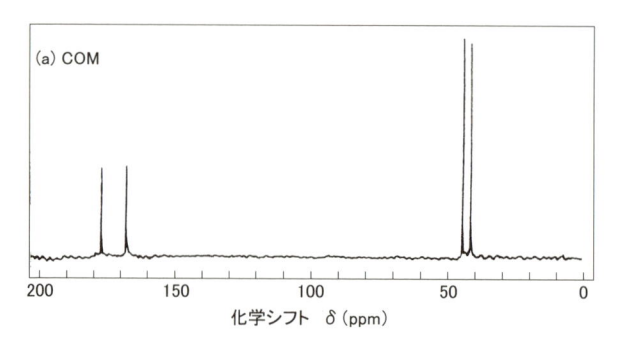

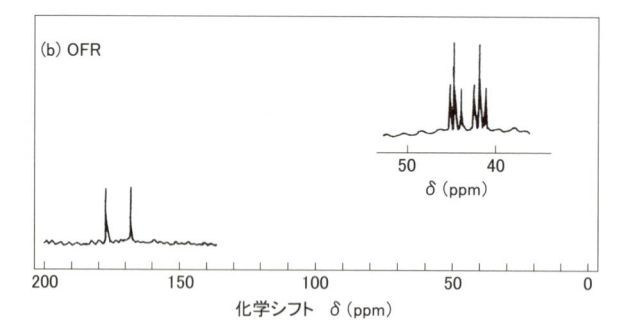

(a) COM

(b) OFR

解

$$\underset{\underset{COO^-}{|}}{H_2N-\overset{\overset{O}{\|}}{C}-CH_2-\overset{\overset{NH_3^+}{|}}{C}-H} \quad \text{アスパラギン}$$

　化学シフト 42 ppm のピークは，CH_2 のシグナルで OFR は 3 本に分裂している。化学シフト 45 ppm のピークは，NH_2 と結合した C によるピークである。

　化学シフト 168 ppm と 176 ppm のピークは，OFR が 1 本であり，H の結合していない CO と $CONH_2$ によるシグナルである。

14 電子スピン共鳴分析(ESR)

目標

ESRによって得られる情報を学ぶ。常磁性物質およびフリーな電子を持つラジカルが対象となる。

電子の磁気モーメント（μ）は，

$$\boxed{\mu = -\frac{h\gamma}{2\pi}S}$$ 　　S は電子スピン量子数で $+\frac{1}{2}$ と $-\frac{1}{2}$ の2通りしかない。

外部磁場 H_0 の中の電子のポテンシャルエネルギー

$$E = -\mu H_0 = \frac{h\gamma}{2\pi}SH_0 = g\beta SH_0$$

g：分光学的分裂因子（g-因子）spectroscopic splitting factor（g-factor）
g-因子が NMR の化学シフト（δ）に相当する。
完全に自由な電子の時，$g = 2.0023$
β：ボーア磁子

$$\beta = \frac{eh}{4\pi mc}$$ で定数となる。

$$\Delta E = E_2 - E_1 = \frac{1}{2}g\beta H_0 - \left(-\frac{1}{2}g\beta H_0\right)$$

$$\boxed{\Delta E = g\beta H_0}$$

$E_2 = \frac{1}{2}g\beta H_0$ ——— $S = +\frac{1}{2}$
$\Delta E = h\nu$
——— $S = -\frac{1}{2}$
$E_1 = -\frac{1}{2}g\beta H_0$

電子スピンの外部磁場と吸収される電磁波の周波数および波長の関係

マイクロ波	外部磁場（G）	周波数（GHz）	波長（cm）
X-バンド	3300	9.5	3
K-バンド	8300	24	1
Q-バンド	12200	35	0.8

ESR の吸収スペクトルは通常一次微分曲線として表す。

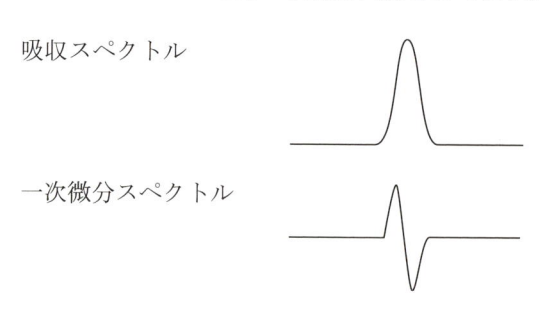

吸収スペクトル

一次微分スペクトル

14. 電子スピン共鳴分析 (ESR)

14-1 g-因子 (g-factor)

不対電子を含む物質の有無とその種類

ESR 用基準物質

　ジフェニルピクリルヒドラジル (DPPH)

（構造式：N-N(・) ジフェニル基、2,4,6-トリニトロフェニル基）

　$g = 2.0023$

14-2 超微細構造 (A 値) (hyperfine structure (hfs) (A value))

電子スピン-核スピン相互作用

不対電子の近隣に存在する原子の種類と数が分かる。

$I = \dfrac{1}{2}$ の時

不対電子と結合したHの数	ピーク数（分裂数）	面積比
0	1本	1
1	2本	1　1
2	3本	1　2　1
3	4本	1　3　3　1
n	(n+1)本	

核スピン I なる n 個の原子核が不対電子に同等に作用する場合には $(2nI + 1)$ 個に分裂する。

　ジフェニルピクリルヒドラジル (DPPH) の ESR スペクトルは，等価な2個の ^{14}N 原子（核スピン $I = 1$）により，$2 \times 2 \times 1 + 1 = 5$ 本に分裂している。

14-3 ESR スペクトルの実例

ヘキサシアノコバルト酸カリウム $K_3[Co^{III}(CN)_6]$ は，正八面体の頂点に 6 つの CN^- を配位した錯体である。3 価のコバルトは d 電子を 6 つ持っている（付表 2 参照）。CN^- は大きな結晶場分裂を引き起こすので，$[Co^{III}(CN)_6]^{3+}$ は低スピン型をとる。6 つの d 電子は d_{xy}，d_{xz}，d_{yz} に入り，3 つの電子対を生成している。よって反磁性化合物であり，ESR スペクトルは測定できない。

この $K_3[Co^{III}(CN)_6]$ に液体窒素温度（77 K）で γ 線を照射すると，Co^{III} は電子を 1 つ受け取り，常磁性化合物となるため，ESR スペクトルが測定できるようになる。

図 14-1 は，a 軸と垂直の方向から磁場を照射し，a 軸を中心にして回転しながら測定した ESR スペクトルの 1 つである。77 K で γ 線照射して生成する $[Co^{II}(CN)_4(NC)_2]^{4-}$ には，図 14-2 に示したように 4 つのサイトが存在する。a 軸を中心に回転させると，site I と III および site II と IV がそれぞれ磁気的に等価になる。

図 14-1 に示した $[Co^{II}(CN)_4(NC)_2]^{4-}$ の ESR スペクトルは，磁気的に異なる 2 つのサイトによるスペクトルが重なっている。各々は，^{59}Co（核スピン $I = \dfrac{7}{2}$）により $2 \times \dfrac{7}{2} + 1 = 8$ 本に分かれ，それぞれがさらに 2 個の等価な ^{14}N（核スピン $I = 1$）により $2 \times 1 + 1 = 5$ 本に分かれている。両端の線（$M_I = \dfrac{7}{2}$

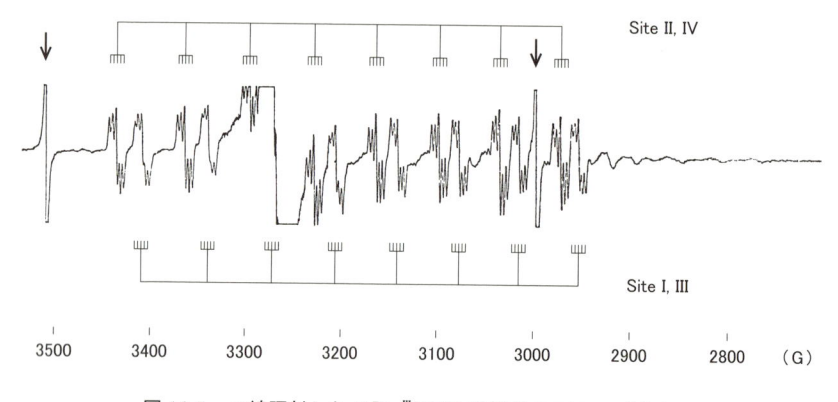

図 14-1　γ 線照射した $K_3[Co^{III}(CN)_6]$ 単結晶の ESR スペクトル

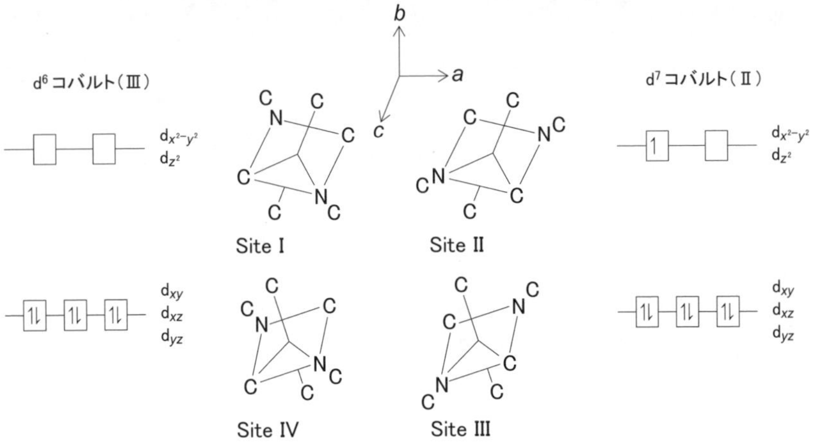

図 14-2 K$_3$[Co^{III}(CN)$_6$] 単結晶の結晶軸と，γ線照射して生成する [Co^{II}(CN)$_4$(NC)$_2$]$^{4-}$ の 4 つの site

と $-\frac{7}{2}$) の中心および間隔の $\frac{1}{7}$ から g-因子と A 値が求められる。

図 14-1 には，コバルト錯体以外に，γ線照射した時に生成された，H ラジカルが約 500 G の A 値をともなって観測され，また，有機ラジカルによる大きなピークが中心部に観測されている。

参考文献

　Naoki Furuta, Tokuko Watanabe, and Shizuo Fujiwara, *Bull. Chem. Soc. Japan*, **49**(7), 1740-1747 (1976).

重要な用語の英名と読み方

1章

基底状態（excited state［iksáitəd steit］）
基底状態（ground state［graund steit］）
同定する（identify［aidéntifai］）
定量する（quantity［kwántatài］または determine［d:tá:rmin］）
スペクトル（spectrum［spéktrəm］複数は spectra［spéktrə］）
分光分析法（spectrometry［spèctrəmétri］）
電子エネルギー準位（electric energy level［ilétrik énardʒi lévəl］）
振動エネルギー準位（vibrational energy level［vaibréiʃənəl énardʒi lévəl］）
回転エネルギー準位（rotational energy level［routéiʃənəl énardʒi lévəl］）
遷　移（transition［trænzíʃən］）

2章

ランベルト・ベールの法則（Lambert-Beer's law［lǽmbərt-biərz lɔ:］）
透過率（trancemittance［trænsmítəns］）
吸光係数（absorptivity［æ̀bsɔ:;;rptíviti］）
吸光度（absorbance［absɔ́:rbəns］）
モル吸光係数（molar absorptivity［móulər æ̀bsɔ:rptíviti］）

3章

紫　外（ultraviolet［ʌ̀ltrəváiələt］）
可　視（visible［vízibl］）
濃色効果（hyperchromism［hàipərkróumizm］）
淡色効果（hydrochromism［haidrəkróumizm］）
深色シフト（bathochromic shift［bæ̀θoukróumic ʃift］）
浅色シフト（hypsochromic shift［hìpsoukróumic ʃift］）
吸光光度法（absorbtion spectrochemistry［absɔ́:pʃən spèctroukémistri］）

4章

赤外吸収（infrared absorption ［infrəréd absɔ́:pʃən］）
ラマン散乱（Raman scattering ［rá:mən skǽtəriŋ］）
基本振動（normal mode ［nɔ́:rməl moud］）
赤外活性（infrared active ［infrəréd ǽktiv］）
ラマン活性（Raman active ［rá:mən ǽktiv］）

5章

分光光度計（spectrometer ［spekrɔ́mətər］）
分光器（monochromator ［mànəkróumetə:］）
回折格子（grating ［gréitiŋ］）
逆線分散（reciprocal linear dispersion ［risíprəkl líniər dispɔ́:rʒən］）
スペクトルバンド幅（spectral band width ［spéktrəl bænd widθ］）
分解能（resolution ［rèzəlú:ʃən］）
F 値（F-value ［ef vǽlju:］）
光　源（source ［sɔ́:rs］）
検出器（detector ［ditéktər］）
光電子増倍管（photo mutiplier tube ［fóutou mʌ́ltipləiər tju:b］）
CCD（charge coupled device ［tʃɑ:rdʒ kʌ́pld diváis］）

6章

蛍光強度（fluorescence intensity ［flù:arésəns inténsiti］）
蛍　光（fluorescence ［flù:ərésəns］）
リン光（phosphorescence ［fɑsfərésəns］）
散　乱（scattering ［skǽtəriŋ］）

7章

吸　光（absorption ［absɔ:rpʃən］）
発　光（emission ［imíʃən］）
誘導結合プラズマ（Inductively Coupled Plasma, ICP ［indʌ́ktivli kʌ́pld plǽzmə］）

重要用語　113

誘導結合プラズマ発光分析法（ICP-optical emission spectrometry
　　　　　　　　　　　　　　　　　　［aisi:pi:-óptiəl imíʃən spètəməmétri］）
誘導結合質量分析法（ICP-mass spectrometry ［aisi:pi:-mæs spètəməmétri］）

8 章

マックスウェル - ボルツマン則（Maxell and Boltzman's law
　　　　　　　　　　　　　　　　　　　　［mǽkswel ənd bóltsumənz lc:］）
項（term ［tə:rm］）
分布則（distribution law ［distribjú:ʃən lɔ:］）
ラッセル - サンダース結合（Russell-Saunders coupling ［rʌ́səl-saundə:s kʌ́pliŋ］）
原子発光強度（atomic emission intensity ［ətómik emíʃən inténsiti］）

9 章

フレーム原子吸光（flame atomic absorption ［fleim ətómik absɔ́:rpʃən］）
中空陰極ランプ（hollow cathode lamp ［hólou kǽθoud læmp］）
真値（true value ［tru: vǽlju:］）
干渉（interference ［ìntərfíərəns］）
内標準（internal standard ［intə́:nal stǽndard］）
標準添加（standard addition ［stǽndard ədíʃən］）

10 章

X 線（X-ray ［éks-rèi］）
特性 X 線（characteristic X-ray ［kæ̀rəktərístik éks-rèi］）
連続 X 線（continuous X-ray ［kantínjuəs éks-rèi］）
モーズレーの法則（Moseley's law ［móuzleiz lɔ:］）

11 章

蛍光 X 線（X-ray fluorescence ［éks-rèi flù:ərésəns］）
X 線回折（X-ray diffraction ［éks-rèi difrǽkʃən］）
X 線吸収（X-ray absorption ［éks-rèi absɔ́:rpʃən］）

波長分散型（wavelength-dispersive ［wéivleŋkθ-dispə́:rsiv］）
ブラッグの式（Bragg equation ［bræg ikwéiʃən］）
エネルギー分散型（energy-dispersive ［énərdʒi-dispə́:rsiv］）

12章

磁気共鳴（magnetic resonance ［mægnétik rézənəns］）
核磁気共鳴（Nuclear Magnetic Resonance, NMR ［njú:kliər mægnétik rézənəns］）
電子スピン共鳴（Electron Spin Resonance, ESR ［iléktron spin rézənəns］）
核スピン（nuclear spin ［njú:kliər spin］）
核磁気モーメント（nuclear magnetic moment ［njú:kliər mægnétik móumənt］）

13章

化学シフト（chemical shift ［kémikəl ʃift］）
面積強度（integral intensity ［íntəgrəl inténsiti］）
スピン‐スピン相互作用（spin-spin interaction ［spin-spin ìntərǽkʃən］）
緩和時間（relaxation time ［rì:lækséiʃən taim］）
フーリエ変換（Fourier transform ［fúrier trænsfɔ́:rm］）

14章

分光学的分裂因子（spectroscopic splitting factor ［spèktrəskɔ́pik splítiŋ fǽktər］）
g-因子（g-factor ［fǽktər］）
超微細構造（hyperfine structure ［háipərfain strʌ́ktʃər］）
A値（A value ［vǽlju:］）

参 考 図 書

1. Gary D. Christian, "Analytical Chemistry", 6th Edition, John Wiley & Sons, 2004.
2. 原口紘炁監訳,『クリスチャン分析化学 II. 機器分析編』, 丸善 (2005).
    参考図書2は, 1の翻訳である。
3. 庄野利之, 脇田久伸編著,『入門機器分析化学』, 三共出版 (1996).

基礎定数表

N_A	アボガドロ定数	$6.0221415(10) \times 10^{23}$ mol^{-1}
c	真空中の光の速さ	2.99792458×10^8 m s^{-1}
e	電気素量	$1.60217653(14) \times 10^{-19}$ C
m_e	電子の静止質量	$9.1093826(16) \times 10^{-31}$ kg
h	プランク定数	$6.6260693(11) \times 10^{-34}$ J s
k	ボルツマン定数	$1.3806505(24) \times 10^{-23}$ J K^{-1}
		$8.617275(18) \times 10^{-5}$ eV K^{-1}
R	気体定数	$8.314472(15)$ J mol^{-1} K^{-1}
		$8.314472(15)$ Pa mol^{-1} K^{-1}
		$0.08205746(4)$ atm dm^3 mol^{-1} K^{-1}
V_m	標準状態の理想気体の体積	$22.413996(39) \times 10^{-3}$ m^3 mol^{-1}
P_0	標準大気圧	101325 Pa
		1 atm
μ_p	陽子の磁気モーメント	$1.41060671(12) \times 10^{-26}$ J T^{-1}
γ_p	陽子の磁気回転比	$2.67522205(23) \times 10^8$ S^{-1} T^{-1}
μ_e	電子の磁気モーメント	$-9.28476412(80) \times 10^{-24}$ J T^{-1}
g_e	自由電子の g 因子	$-2.0023193043718(75)$
T_0	氷点の絶対温度	2.7315×10^2 K

SI 接頭語

大きさ	接頭語		記号	大きさ	接頭語		記号
10^{-1}	デシ	deci	d	10	デカ	deca	da
10^{-2}	センチ	centi	c	10^2	ヘクト	hecto	h
10^{-3}	ミリ	milli	m	10^3	キロ	kilo	k
10^{-6}	マイクロ	micro	μ	10^6	メガ	mega	M
10^{-9}	ナノ	nano	n	10^9	ギガ	giga	G
10^{-12}	ピコ	pico	p	10^{12}	テラ	tera	T
10^{-15}	フェムト	femto	f	10^{15}	ペタ	peta	P
10^{-18}	アット	atto	a	10^{18}	エクサ	exa	E
10^{-21}	ゼプト	zept	z	10^{21}	ゼッタ	zetta	Z
10^{-24}	ヨクト	yocto	y	10^{24}	ヨッタ	yotta	Y

ギリシャ文字

A	α	アルファ(alpha)	I	ι	イオタ(iota)	P	ρ	ロー(rho)
B	β	ベータ(beta)	K	κ	カッパ(kappa)	Σ	σ	シグマ(sigma)
Γ	γ	ガンマ(gamma)	Λ	λ	ラムダ(lambda)	T	τ	タウ(tau)
Δ	δ	デルタ(delta)	M	μ	ミュー(mu)	Y	υ	ウプシロン(upsilon)
E	ε	イプシロン(epsilon)	N	ν	ニュー(nu)	Φ	φ	ファイ(phi)
Z	ζ	ツェータ(zeta)	Ξ	ξ	グザイ(xi)	X	χ	カイ(chi)
H	η	エータ(eta)	O	o	オミクロン(omicron)	Ψ	ψ	プサイ(psi)
Θ	θ	シータ(theta)	Π	π	パイ(pi)	Ω	ω	オメガ(omega)

索 引

あ 行

イオン化干渉　67

エネルギー分散型蛍光X線装置　79

A 値　107
EXAFS　82, 83
F 値　39
n 電子　16
n-π 共役　17
^{13}C-NMR　100
^{1}H-NMR　92
X線　70
X線回折分析　80
X線管　72
X線吸収分析　82
X線検出器　74

か 行

回折格子　37
回転エネルギー準位　3
回転遷移　4
化学干渉　66
化学シフト　92, 100
核磁気共鳴分析　91
核磁気モーメント　89
核スピン　87, 88
ガスイオン化検出器　74
干渉　65

緩和時間　97

基底状態　2
軌道角運動量の量子数　57
基本振動　30
逆線分散　38
吸光　50
吸光係数　8
吸光光度法　20
吸光度　8

蛍光　46, 50
蛍光X線分析　76
蛍光強度　45
蛍光分光分析　44
蛍光分光分析装置　44
原子発光強度　58
原子発光分析装置　50
検出器　41

光学材料　41
光源　40
光電圧検出器　41
光電子増倍管　41

さ 行

サーミスター　41
散乱　46

紫外・可視分光光度計　36
磁気共鳴分析　85

σ 電子　16
指示薬　19

しゃへい定数　92
助色団　17
深色シフト　17
真値　65
シンチレーション検出器　74
振動エネルギー準位　3
振動遷移　4

スピン-軌道相互作用　57
スピン-スピン相互作用　96, 102
スペクトル　2
スペクトルバンド幅　39, 40

赤外活性　30
赤外吸収　26
赤外吸収スペクトル　27
赤外分光光度計　36
浅色シフト　17

装置　64

CCD (Charge Coupled Device)　41
g-因子　106, 107
J-カップリング　96
XANES　82, 83

た 行

多重度　57
単結晶構造解析　81
淡色効果　17

中空陰極ランプ　65
超微細構造　107

定量する　2
電子エネルギー準位　3
電子スピン共鳴分析　105
電子遷移　4
電磁波　2
電子配置　57

透過率　8
統計的重率　57
同定する　2
特性X線　71

な 行

内標準法　66

熱電対　41

濃色効果　17

は 行

波長　2
波長分散型蛍光X線装置　76
発光　50
発色団　17
半導体検出器　74

標準添加法　66

フーリエ変換NMR　97
フォトダイオード　41
物理干渉　65
ブラッグの式　77
フレーム　65
分解能　39
分光学的分裂因子　106
分光干渉　67
分光器　37
分光分析　2
粉末X線回折　80

ボロメーター　41

π電子　16
π-π共役　17

ま 行

マックスウェル-ボルツマン分布則　56

面積強度　95

モーズレーの法則　71
モル吸光係数　8

や 行

誘導結合プラズマ　51

ら 行

ラマン活性　30
ラマン散乱　26
ランベルト・ベールの法則　9

リン光　46

励起状態　2
連続X線　71

著者略歴

古田　直紀
(ふるた　なおき)

1975年　東京大学大学院理学系研究科修士課程修了。同年 国立公害研究所（現在の国立環境研究所）に研究員として入所。1979年 東京大学より理学博士授与。1986年 同研究所の主任研究員。1992年 地球環境研究センター研究管理官。1994年 中央大学理工学部応用化学科教授となり現在に至る。2000年より立教大学理学部化学科の兼任講師。

専　門　分析化学，環境化学

主な著書　ICP発光分析法（共立出版，共著），原子吸光分析法（日本分析化学会，共著），分析化学データブック（丸善，共著），地球環境ハンドブック（朝倉書店，共著），微量元素分析の実際（丸善，共訳），環境の化学（日新出版，共著），クリスチャン分析化学（丸善，共訳），これならわかる分析化学（三共出版）

これならわかる機器分析化学—電磁波を用いる分光分析
(きき ぶんせき かがく　でんじ は　もちいる　ぶんこうぶんせき)

2010年10月 1 日　初版第 1 刷発行
2019年 4 月20日　初版第 3 刷発行

       Ⓒ　著　者　古　田　直　紀
        発行者　秀　島　　　功
        印刷者　荒　木　浩　一

発行所　**三 共 出 版 株 式 会 社**　東京都千代田区神田神保町 3 の 2
　　　　　　　　　　　　　　　　　郵便番号 101-0051　振替 00110-9-1065
　　　　　　　　　　　　　　　　　電話 03-3264-5711　FAX 03-3265-5149
　　　　　　　　　　　　　　　　　www.sankyoshuppan.co.jp

一般社団法人 **日本書籍出版協会**・一般社団法人 **自然科学書協会**・**工学書協会**　会員

製版印刷・製本・アイ・ピー・エス

[JCOPY] <（一社）出版者著作権管理機構 委託出版物>
本書の無断複写は著作権法上での例外を除き禁じられています。複写される場合は，そのつど事前に，（一社）出版者著作権管理機構（電話 03-5244-5088，FAX 03-5244-5089，e-mail: info@jcopy.or.jp）の許諾を得てください。

ISBN 978-4-7827-0633-6

付表2 元素の周期表

族 周期	1	2	3	4	5	6	7	8	9
1	$_1$H Hydrogen 水素 1.008 $1s^1$								
2	$_3$Li Lithium リチウム 6.941 $[He]2s^1$	$_4$Be Beryllium ベリリウム 9.012 $[He]2s^2$							
3	$_{11}$Na Sodium ナトリウム 22.99 $[Ne]3s^1$	$_{12}$Mg Magnesium マグネシウム 24.31 $[Ne]3s^2$							
4	$_{19}$K Potassium カリウム 39.10 $[Ar]4s^1$	$_{20}$Ca Calcium カルシウム 40.08 $[Ar]4s^2$	$_{21}$Sc Scandium スカンジウム 44.96 $[Ar]3d^14s^2$	$_{22}$Ti Titanium チタン 47.87 $[Ar]3d^24s^2$	$_{23}$V Vanadium バナジウム 50.94 $[Ar]3d^34s^2$	$_{24}$Cr Chromium クロム 52.00 $[Ar]3d^54s^1$	$_{25}$Mn Manganese マンガン 54.94 $[Ar]3d^54s^2$	$_{26}$Fe Iron 鉄 55.85 $[Ar]3d^64s^2$	$_{27}$Co Cobalt コバルト 58.93 $[Ar]3d^74s^2$
5	$_{37}$Rb Rubidium ルビジウム 85.47 $[Kr]5s^1$	$_{38}$Sr Strontium ストロンチウム 87.62 $[Kr]5s^2$	$_{39}$Y Yttrium イットリウム 88.91 $[Kr]4d^15s^2$	$_{40}$Zr Zirconium ジルコニウム 91.22 $[Kr]4d^25s^2$	$_{41}$Nb Niobium ニオブ 92.91 $[Kr]4d^45s^1$	$_{42}$Mo Molybdenum モリブデン 95.95 $[Kr]4d^55s^1$	$_{43}$Tc Technetium テクネチウム (99) $[Kr]4d^55s^2$	$_{44}$Ru Ruthenium ルテニウム 101.1 $[Kr]4d^75s^1$	$_{45}$Rh Rhodium ロジウム 102.9 $[Kr]4d^85s^1$
6	$_{55}$Cs C(a)esium セシウム 132.9 $[Xe]6s^1$	$_{56}$Ba Barium バリウム 137.3 $[Xe]6s^2$	57~71 ランタノイド	$_{72}$Hf Hafnium ハフニウム 178.5 $[Xe]4f^{14}5d^26s^2$	$_{73}$Ta Tantalum タンタル 180.9 $[Xe]4f^{14}5d^36s^2$	$_{74}$W Tungsten タングステン 183.8 $[Xe]4f^{14}5d^46s^2$	$_{75}$Re Rhenium レニウム 186.2 $[Xe]4f^{14}5d^56s^2$	$_{76}$Os Osmium オスミウム 190.2 $[Xe]4f^{14}5d^66s^2$	$_{77}$Ir Iridium イリジウム 192.2 $[Xe]4f^{14}5d^76s^2$
7	$_{87}$Fr Francium フランシウム (223) $[Rn]7s^1$	$_{88}$Ra Radium ラジウム (226) $[Rn]7s^2$	89~103 アクチノイド	$_{104}$Rf Rutherfordium ラザホージウム (267) $[Rn]5f^{14}6d^27s^2$	$_{105}$Db Dubnium ドブニウム (268) $[Rn]5f^{14}6d^37s^2$	$_{106}$Sg Seaborgium シーボーギウム (271) $[Rn]5f^{14}6d^47s^2$	$_{107}$Bh Bohrium ボーリウム (272) $[Rn]5f^{14}6d^57s^2$	$_{108}$Hs Hassium ハッシウム (277) $[Rn]5f^{14}6d^67s^2$	$_{109}$Mt Meitnerium マイトネリウム (276) $[Rn]5f^{14}6d^77s^2$

原子番号 — $_6$C — 元素番号
Carbon
炭素
原子量 — 12.01
$[He]2s^22p^2$ — 電子配置

非金属元素
金属元素

	57~71 ランタノイド	$_{57}$La Lanthanum ランタン 138.9 $[Xe]5d^16s^2$	$_{58}$Ce Cerium セリウム 140.1 $[Xe]4f^15d^16s^2$	$_{59}$Pr Praseodymium プラセオジム 140.9 $[Xe]4f^36s^2$	$_{60}$Nd Neodymium ネオジム 144.2 $[Xe]4f^46s^2$	$_{61}$Pm Promethium プロメチウム (145) $[Xe]4f^56s^2$	$_{62}$Sm Samarium サマリウム 150.4 $[Xe]4f^66s^2$	$_{63}$Eu Europium ユウロピウム 152.0 $[Xe]4f^76s^2$
	89~103 アクチノイド	$_{89}$Ac Actinium アクチニウム (227) $[Rn]6d^17s^2$	$_{90}$Th Thorium トリウム 232.0 $[Rn]6d^27s^2$	$_{91}$Pa Protactinium プロトアクチニウム 231.0 $[Rn]6d^37s^2$	$_{92}$U Uranium ウラン 238.0 $[Rn]5f^36d^17s^2$	$_{93}$Np Neptunium ネプツニウム (237) $[Rn]5f^46d^17s^2$	$_{94}$Pu Plutonium プルトニウム (239) $[Rn]5f^67s^2$	$_{95}$Am Americium アメリシウム (243) $[Rn]5f^77s^2$